高等院校艺术学门类"十四五"系列教材

U0172136

UI设计技法
（第二版）

UI SHEJI JIFA

主　编 ◎ 郭少锋　吴　博
副主编 ◎ 刘思奇　史晓燕　张　隽

华中科技大学出版社
http://www.hustp.com
中国·武汉

内 容 简 介

本书适合 UI 设计的初学者使用。本书第一章为图形用户界面基础，介绍了图形用户界面的定义和发展概况，讲解了界面设计的原则和设计方法，引入人机界面基础理论和用户体验知识，详细介绍了组成界面的基本要素和控件，读者通过对本章进行学习能了解基础理论和基本设计技法。第二章为桌面软件界面设计实例，所列举的两个实例很有代表性，读者从中能掌握大多数技法。第三章为移动终端界面设计实例，本书对这个代表未来的设计方向介绍较多。第四章为游戏界面和写实图标设计实例，除了讲解游戏界面设计实例外，还加入了具有高阶能力导向的写实图标设计实例。全书编排由易到难，循序渐进，知识覆盖面广，力求覆盖 UI 设计学科的各个方面，便于读者全面学习和提高。

图书在版编目（CIP）数据

UI 设计技法 / 郭少锋，吴博主编 . —2 版 . —武汉：华中科技大学出版社，2022.6
ISBN 978-7-5680-8269-3

Ⅰ . ① U… Ⅱ . ①郭… ②吴… Ⅲ . ①人机界面—程序设计 Ⅳ . ① TP311.1

中国版本图书馆 CIP 数据核字 (2022) 第 079217 号

UI 设计技法（第二版）
UI Sheji Jifa （Di-er Ban）

郭少锋　吴博　主编

策划编辑：彭中军
责任编辑：刘姝甜
封面设计：孢　子
责任监印：朱　玢

出版发行：华中科技大学出版社（中国·武汉）　　电话：（027）81321913
　　　　　武汉市东湖新技术开发区华工科技园　　邮编：430223
录　排：武汉创易图文工作室
印　刷：湖北新华印务有限公司
开　本：880 mm × 1230 mm　1/16
印　张：12
字　数：341 千字
版　次：2022 年 6 月第 2 版第 1 次印刷
定　价：69.00 元

前言

如今，在飞速发展的数字人工制品领域，界面设计慢慢受到重视。用户界面（user interface，UI）设计被细分为三个层面，即图形用户界面设计（GUI设计）、交互设计和用户研究。GUI 设计不再被人理解为单纯意义上的美术工作，而是被理解为了解软件产品、致力于提高软件用户体验的产品外形设计。其实软件 UI 设计就像工业产品中的工业造型设计，是产品的重要卖点。一种电子产品拥有美观的界面会给人带来舒适的视觉享受，拉近人与产品的距离。UI 设计是建立在科学性之上的艺术设计。

本书以图形用户界面设计为侧重点，由浅入深地讲解了图形用户界面设计的方法，顺带介绍了一些人机界面基础知识、交互设计知识和用户体验知识，因为这些是一个合格的 GUI 设计师必须要了解的。

本书从 GUI 概念和历史开始介绍，继而讲述 UI 设计方法和理论知识，理论结合实际地讲述了 UI 设计的原则，详细地介绍了常用 UI 控件和元素的制作方法和设计准则；接着以不同的显示终端为主线，展开设计实例的讲解，涉及桌面软件、移动终端中的手机数字产品和平板计算机数字产品；最后还设置了可以体现高阶能力的写实类图标设计实例。全书学习是一个由易到难、循序渐进的过程。

GUI 设计和其他的设计分类还是有些区别的，GUI 设计的特点就是和像素打交道，所有的细节刻画都精确到像素。有很多初学者虽然有设计基础，但是转学 GUI 设计还是会遇到很多的适应性问题，而本书最大的特点就是详解每个界面的设计过程，对每个精确到像素的参数设置都配图说明，实际操作性很强，这意味着读者只需要有些基本图形软件技能就能跟着本书进行学习。

　　本书中案例主要使用 Photoshop 和 Illustrator 软件来进行设计与制作，常常会在两个软件中来回切换，编者有时会疏忽忘了说明，但是通过截图和一些常用名词读者可以进行分辨。由于编书经验尚浅，不足之处，敬请读者谅解。

　　最后，希望本书能为对 UI 设计感兴趣的读者提供帮助，让我们一起拥抱数字化的美好明天。

郭少锋

本书实例教程缩览图如下。

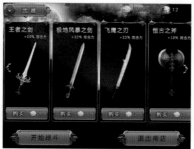

目录

第一章
图形用户界面基础

第一节 什么是图形用户界面

图形用户界面（graphical user interface，GUI）又称图形用户接口，是指采用图形方式显示的数字人工制品操作用户界面。

GUI 由 Xerox（施乐）首先发明，与早期计算机使用的命令行界面相比，图形界面对用户来说在视觉上更易于接受。

Windows 是以"Wintel 标准"方式操作的，因此可以用鼠标点击按钮来进行操作。DOS 就不具备 GUI 的特点，所以只能输入命令。DOS 的这种界面称 CLUI（command line user interface）命令行模式的人机接口。通常人机交互图形用户界面设计可表示为"goo-ee"，准确地说，GUI 是屏幕产品的视觉体验和互动操作部分。

GUI 是一种结合计算机科学、美学、心理学、行为学以及各商业领域需求分析的人机系统工程，强调人、机、环境三者作为一个系统进行总体设计。GUI 的广泛应用是当今计算机发展的重大成就之一，它极大地方便了非专业用户的使用。人们从此不再需要死记硬背大量的命令，取而代之的是可以通过窗口、菜单、按键等方式来方便地进行操作。嵌入式 GUI 具有轻型、占用资源少、高性能、高可靠性、便于移植、可配置等特点。

这种面向客户的系统工程设计，其目的是优化产品的性能，使操作更人性化，减轻使用者的认知负担，使产品更适合满足用户的操作需求，直接提升产品的市场竞争力。

纵观国际相关产业在图形用户界面设计方面的发展现状，许多国际知名公司早已意识到 GUI 在产品方面产生的强大增值功能，以及带动的巨大市场价值，因此在公司内部设立了相关部门专门从事 GUI 的研究与设计，同业间也成立了若干机构，以互相交流 GUI 设计理论与经验为目的。随着中国 IT 产业、移动通信产业、家电产业的迅猛发展，产品的人机交互界面设计水平发展日显滞后，这对提高产业综合素质、提升与国际同行的竞争能力等无疑起到了制约的作用。

在早些时候，有一部分人认为图形用户界面设计只是让界面看起来更漂亮、更酷。这种观念是很落后的，现今图形用户界面成为一门独特而重要的学科，它必须与交互设计和工业设计相互配合展开，而不是事后进行的。在现今的数字产品综合竞争中，图形用户界面是相当重要的组成部分。好的图形用户界面对产品的吸引力的提升发挥巨大的效用，不仅因为许多用户会被界面本身吸引，而且因为图形用户界面是产品设计和用户之间重要的媒介，可以在用户使用之前传递信息、引导流程、提示操作等，使用中对用户的行为进行引导，以使用户达成他们的目标，满足他们的情感，所有的一切都体贴入微地服务用户。

第二节　图形用户界面的发展历史

1. NeXT OS(NeXTSTEP）

1987 年，史蒂夫·乔布斯创立了 NeXT Technology，发明了这个在 1997 年之前在用户友好度方面独霸第一的 NeXT OS (NeXTSTEP）。它的功能甚至比在 14 年后发布的 Windows XP 还强大。1997 年乔布斯回归后，Apple Inc. 买下了 NeXT Software(NeXT 更过一次名），为 Mac OS 7 打下坚实的基础。NeXT OS 如图 1-1 所示。

2. Mac OS 6

1996 年初，苹果公司宣布推出其 High 3D GUI 。1999 年，苹果公司又推出全新的操作系统 Mac OS X 10.01 BETA。默认的 32 px×32 px、48 px×48 px 被更大的 128 px×128 px 平滑半透明图标代替。该GUI 一经推出立即招致大量批评，似乎用户都对如此大的变化还不习惯，不过没过多久，大家就接受了这种新风格，如今这种风格已经成了 Mac OS 6（见图 1-2）的"招牌"。

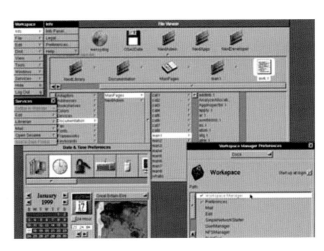

图 1-1　NeXT OS

3. Windows XP

2001 年，微软推出了至今还有 3 亿忠实用户的支持 Windows Luna 2D UI 和 X86-64 Wintel 的 Windows XP。每一次微软推出重要的操作系统版本，其 GUI 也必定有巨大的改变，Windows XP（见图 1-3）也不例外，这个 GUI 支持皮肤，用户可以改变整个 GUI 的外观与风格，默认图标为 48 px×48 px，支持上百万种颜色。

4. KDE 3

自从 KDE 1.0 以来，KDE（K Desktop Environment）改善得非常快，发展也非常迅猛。其 GUI 对所有图形和图标进行了改进并统一了用户体验。KDE 3 如图 1-4 所示。

5. Windows Vista

2006 年尾，微软做出了十年来最大的内核改动。改动的内核称 Windows Longhorn 6900 X64-86 ATiWinWintel。GUI 进入了 3D 桌面阶段。这是微软向其竞争对手发出的一个挑战，Vista 中

图 1-2　Mac OS 6

同样包含很多 3D 和动画，自 Windows 98 以来，微软一直尝试改进桌面，在 Vista 中，开发人员使用类似饰件的机制替换了活动桌面。Windows Vista 如图 1-5 所示。

6. Mac OS X Leopard

Mac OS X Leopard 是第 6 代的 Mac OS 桌面系统，引入了更好的 3D 元素。GUI 还有大量的动画。Mac OS X Leopard 如图 1-6 所示。

图 1-3　Windows XP

图 1-4　KDE 3

图 1-5　Windows Vista

图 1-6　Mac OS X Leopard

7. KDE 4

KDE 4 的 GUI 提供了很多新改观，如动画的、平滑的、有效的窗体管理，图标尺寸可以很容易地调整，几乎任何设计元素都可以轻松配置，相对前面版本的 GUI 绝对是一个巨大的改进。KDE 4 如图 1-7 所示。

8. iOS

iOS 是由苹果公司开发的手持设备操作系统。苹果公司最早于 2007 年 1 月 9 日公布这个系统，最初是设计给 iPhone 使用的，后来陆续套用到 iPod touch、iPad 及 Apple TV 等苹果产品上。这个系统界面优雅直观，很多人第一次上手就知道怎样使用。苹果公司一直致力于推出简单、直观、充满乐趣的设计，在应用的设计方面也花费了许多精力，如使用 skeuomorphic（模仿现实物品）设计取向，让应用看起来更具动态感，这样就会让用户从冷冰冰的科技产品中体验到与应用互动的乐趣及亲切感。iOS 如图 1-8

所示。

9. Android

Android（见图 1-9）是一种基于 Linux 的自由及开放源代码的操作系统，主要使用于移动设备，如智能手机和平板计算机，由 Google 公司和开放手机联盟领导及开发。第一部 Android 智能手机发布于 2008 年 10 月。Android 逐渐扩展到平板计算机及其他领域上，如电视、数码相机、游戏机等。最新版本 Android 4.0 的用户界面有不少改进，经历多重演变后谷歌在用户界面体验方面的水平有所提升，新的 UI 设计更加成熟。

10. Windows 7

微软公司于 2009 年 10 月 22 日发布 Windows 7（见图 1-10）操作系统。

Windows 7 可供家庭及商业工作环境使用，可安装在笔记本电脑、平板计算机、多媒体中心等之上。Windows 7 的 Aero 效果华丽，有碰撞效果、水滴效果，还有丰富的桌面小工具。这些都比 Vista 增色不少。另外，Windows 7 的资源消耗极低，不仅使执行效率快，而且使笔记本电脑的电池续航能力也大幅增强。

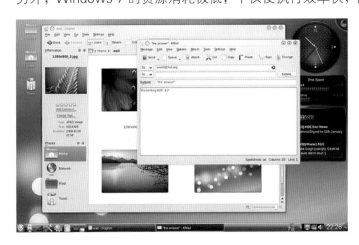

图 1-7　KDE 4

图 1-9　Android

图 1-8　iOS

图 1-10　Windows 7

11. Windows Phone

微软公司于 2010 年 10 月 21 日发布智能手机操作系统 Windows Phone（见图 1-11）。

Windows Phone 具有桌面定制、图标拖曳、滑动控制等一系列前卫的操作体验，采用全新的 Metro(新 Windows UI) 风格用户界面，采用突出内容淡化 UI 的思想。其主屏幕通过提供类似仪表盘的体验来显示新的电子邮件、短信、未接来电、日历约会等，让人们对重要信息保持时刻更新。

12. Windows 8

Windows 8（见图1–12）是微软于2012年10月25日推出的，支持在个人计算机及平板计算机上使用。Windows 8大幅改变以往的操作逻辑，提供更佳的屏幕触控支持。新系统采用全新的Metro（新Windows UI）风格用户界面，采用突出内容淡化UI的思想。各种应用程序、快捷方式等能以动态方块的样式呈现在屏幕上，用户可自行将常用的浏览器、社交网络、游戏、操作界面设置到屏幕上。

图1–11　Windows Phone

图1–12　Windows 8

第三节　界面设计原则

一、在实现功能的框架下设计

虽然设计者和艺术家都离不开视觉的范畴，但是他们之间是有区别的。艺术家更注重的是自我表达，表达自己的思想、审美、态度等，艺术创作几乎没有什么约束，越自由越独特越能获得成就；而设计者的工作是传达，设计是为了寻找最适合的表现形式来传达具体的信息，是在一定的框架内表达的。"设计就是戴着脚镣跳舞"，这句话十分生动地讲述了设计行业的特点。

用户界面设计，同样应该以实现功能为首要前提，尽量找到一种最合适的表现形式去实现产品的功能和交互设计，同时兼顾它视觉上的艺术性。也就是说，应该在实现用户目标和愉悦体验度的框架下考虑图形界面设计。当然，优秀的用户界面的艺术性和格调，以及传达的品牌形象，是增加产品综合竞争力的重要的砝码，好的视觉设计能满足用户某种程度的情感需求，视觉设计目标就是设计功能和视觉都优秀的用户界面。

二、层次结构清晰

1. 运用视觉属性将元素分组

在图形用户界面设计中，通常按照不同的视觉属性来区别不同的界面元素和信息。视觉属性包括形状、尺寸、颜色、方位、纹理等，下面详细介绍它们，这有助于以后的设计。

1）形状

形状是人类辨识物体最基本也是最本能的方式，香蕉是长条的，橘子是椭圆的，火龙果的形状很有特点等。图 1-13 中按钮是方的，旋钮是圆的，滑动条滑块是椭圆的。正是这些不同的形状属性区别了对应操作的逻辑和方法。

2）尺寸

一个空间中的物体哪个大哪个小，人们很容易分辨出来。在一群相似的物体中，比较大的那个会更引人注意。当一个物体非常大或者非常小时，人们很难注意到它的其他属性，例如颜色、形状。尺寸层次如图 1-14 所示。

3）颜色

颜色绝对是视觉属性里重要的部分。颜色的不同可以快速引起人的注意，例如在黑色的背景下，一块柠檬黄的颜色是非常显眼的，而且颜色能传递出信息，例如红色可以传递警告、危险、促销、喜庆等不同的信息，需要在适当的时候使用它。但是，由于存在一些色弱或色盲的用户人群，不能单纯依赖颜色属性来设计，需要配合明暗、形状、纹理等属性发挥综合视觉效应。需要注意的是，初学者运用颜色时要精简而理智，不要运用过多的颜色，一旦颜色过多，就难以把握重点要传递的信息。只有具备足够的经验和能力，才可以设计出类似 Windows 8 那样绚丽而又明晰合理的界面。颜色层次如图 1-15 所示。

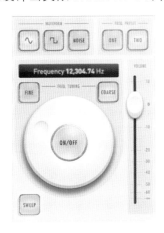

图 1-13　形状层次

图 1-14　尺寸层次

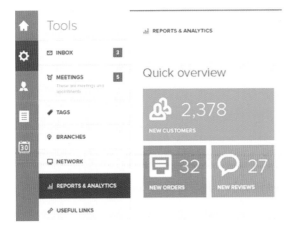

图 1-15　颜色层次

4）方位

方位表示方向或方向的属性，即向上、向下或向左、向右，前进或后退等。例如，一个步骤条方位如图 1-16 所示。

5）纹理

纹理是表现元素的质感是光滑还是粗糙、轻薄还是厚重、凸起还是凹陷等视觉印象的属性。例如 iOS 的亚麻布纹理代表这是一个属于系统级的界面，而不是一个应用；而 Windows 里的滚动条滑块上有三道凹凸的纹理，隐喻的是现实中为了增加摩擦力而设计的可推动的滑块。纹理层次如图 1-17 所示。

图 1-16　方位层次　　　　　　　　　　　　　　　　图 1-17　纹理层次

2. 如何创建层次结构

了解视觉属性后，创建界面元素时就可以使用它们定义出层次结构。

举例说明如下。希望最先被看到或被注意的元素应该采用相对较大的尺寸、高饱和度的颜色及强的明暗对比。次要的元素采用小一点的尺寸、欠饱和的颜色及弱一点的明暗对比等。不饱和颜色及中性色可以用于不重要的元素。这样界面的层次和结构就依照视觉的层次分清了。

图 1-18 中，最首要被关注的自然是导航栏下方的极具视觉冲击力的图片。按照心理学的理论，图形（包括图像和视觉图形）是最先被注意的，然后是文字、背景等。抛开图像的因素，再来分析一下这个网站界面的层次结构和对应的视觉属性。

第一个层次是位于网站顶部的标志和导航栏，如图 1-19 所示，一整条相对高饱和度的红色可以首先被注意到，方位在最上方，尺寸也较大。设计者还充分渲染了标志，标志的颜色对比和明暗对比强烈，同时兼具了纹理的属性，可以看出设计者试图让人们注意这个标志并记住它。同时，导航栏是信息分类的顶层，是网站的主干，它也被提高了视觉层次。

第二个层次是界面左下方的三个板块（见图 1-20），

图 1-18　层次结构示例

图 1-19　顶部的标志和导航栏

它们采用了略低的饱和度和明暗对比度，同时放在了左侧。科学研究证明，人类的视觉流程是从上到下、从左到右的，左边的元素自然要先被注意到，并且设计者利用较大的尺寸来强化它们的重要性。前文提到过，一旦尺寸足够大，即使颜色没有右侧的饱和度高，元素也会先受到重视。

第三个层次就是右侧的一组百叶窗列表（见图1-21），采用尺寸较小、高饱和度的红色标题栏，证明它也重要，只是没有前两个层次重要。

第四个层次就是顶部的注册登录和底部的辅助功能等。虽然底部的辅助功能以彩色图标（见图1-22）的方式呈现，但是由于小的尺寸和偏下的方位属性，综合看来它的重要程度略低。

3. 要点和技巧

当我们发现两个不同重要程度的元素都需要被注意时，不要提高相对重要的那一个元素的视觉层次，最好降低相对不重要的那一个元素的视觉层次。这样就能有继续调整的空间，可以强调更重要更关键的元素。跟素描的道理有些相似：在暗部可以透气和虚一些，那么明暗交界线自然会实一些、立体一些。

同类型的元素应该有一样的属性，一样的属性会让用户将它们视为一组。如果定义的元素在功能和操作上不为同一组，就要用不同的属性来定义它们。

相似的操作在位置上尽可能放在一组，这样避免鼠标或手指长距离移动，避免给界面的易用性带来负面影响。

4. 眯眼测试

眯眼测试是绘画里面测试整体效果的一种方法。我们创建完层次结构，可以眯起眼睛模糊地看界面中的元素，这时可以看出哪些是被强调的，哪些是模糊和弱化的，以及哪些是一组的等。测试后如发现与想象中的层次结构不符，可以通过调整视觉属性来改善界面。

一般在设计中不会单纯地运用单个的视觉属性，而是用多个属性来调节，特别是在创建复杂的层次结构时。

三、一致性和标准化

界面的一致性既包括使用标准的控件，又指相同的信息表现方法应确保一致，如在字体、标签风格、颜色、术语、显示错误信息等方面。

在不同分辨率下的美观程度应一致。软件界面要有一个默认的分辨率，而在其他分辨率下也可以运行。

界面布局要一致，如所有窗口按钮的位置和对齐方式要保持一致。

图 1-20　左下方的三个板块

图 1-21　百叶窗列表

图 1-22　底部的辅助功能图标

界面的外观要一致，如控件的大小、颜色、背景和显示信息等属性要一致。一些需要特殊处理或有特殊要求的地方除外。

界面所用颜色要一致。颜色的前后一致会使整个应用软件有同样的观感，反之会让用户觉得所操作的软件杂乱无章，没有规则可言。

操作方法要一致，如双击其中的项可触发某事件，那么双击任何其他列表框中的项都应该有同样的事件发生。

控件风格、控件功能要专一，不错误地使用控件。

标签和信息的措辞要一致，如在"提示"、菜单和"帮助"中产生的相同术语应一致。

标签中文字信息的对齐方式要一致，如某类描述信息的标题行定为居中，那么其他类似的功能的描述信息格式也应该与此一致。

快捷键在各个配置项上语义保持一致，如 Tab 键的习惯用法及阅读顺序是从左到右、从上到下。

四、给予足够的视觉反馈

1. 静态视觉暗示

静态视觉暗示指的是界面元素在静止状态下本身的视觉属性所传递的暗示，例如一个按钮（见图1-23）"Sign In"，它看起来是微微凸起的，带有立体感和阴影，那么暗示的就是这个元素是一个可以被按下的按钮。

2. 动态视觉暗示

因为静态的暗示需要一定大小的尺寸和像素来塑造，界面上不可能全是这种类型的元素，不然就像上文讲到的没有层次和重点，这时可采用动态视觉暗示。动态视觉暗示一般是指光标掠过这个元素时发生变化，或者是执行某个操作后出现变化。

例如 Word 界面顶部的选项卡，鼠标滑过"邮件"的时候，出现了按钮的形状，暗示这是可以按下的，按下后会变成被选中的选项卡。再例如在 Apple 邮件列表中下拉屏幕时，会出现一个圆形的更新图标，继续往下拉，它会被渐渐拉长，如图1-24所示，最后弹回去消失，这个动态过程就是在告诉人们可以继续拉，拉到一定程度就触发了加载新邮件的动作。

3. 光标暗示

光标暗示是指在光标经过或到达某个元素时，通过改变光标本身的形状来暗示。例如光标在经过 Outlook 的邮件列表的边框时，变成了水平的双向箭头，这是暗示可以拖曳光标以改变列表栏的宽度。在 Excel 软件中，光标有大量的暗示，见图1-25。光标暗示可以用在一些元素很小、用户不好辨识之时。

	A	B	C	D
1			员工工资表	
2	姓名	年龄	职务	工资额
3	王伟	21	保安	￥700.00
4	李伟	22	保安	￥700.00
5	张伟	24	店员	￥700.00
6	兰伟	27	店员	￥750.00
7	刘伟	29	店长	￥800.00
8	钟伟	30	搬运工	￥680.00
9	唐伟	31	搬运工	￥680.00
10	总计			￥5,010.00

图1-23　按钮的暗示　　图1-24　Apple邮件列表更新　　图1-25　Excel软件中的光标暗示
图标的动态视觉暗示

第四节　界面设计组成要素和控件

一、图形制作

1. 矩形

（1）在 Photoshop 里新建一个背景色为白色的画布，尺寸自定，如图 1–26 所示。

（2）选择形状工具里面的"矩形工具"，如图 1–27 所示。

（3）在画布上拖动绘制，得到图 1–28 所示的矩形。如果要绘制一个正方形，那么拖动的时候按住 Shift 键绘制。

（4）可以改变矩形的颜色、描边、填充透明度，满足各种需要。各种矩形如图 1–29 所示。

2. 圆角矩形

（1）选择形状工具里面的"圆角矩形工具"，如图 1–30 所示。

（2）在画布顶部的工具选项中设置一个圆角半径的数值，如图 1–31 所示。

（3）在画布上拖动绘制一个圆角矩形。如果要绘制一个宽和高相等的圆角矩形，那么拖动的时候按住 Shift 键绘制。

（4）可以改变矩形的颜色、描边、填充透明度，满足各种需要。不同的圆角矩形如图 1–32 所示。

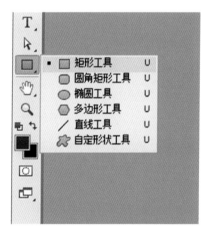

图 1–27　选择"矩形工具"

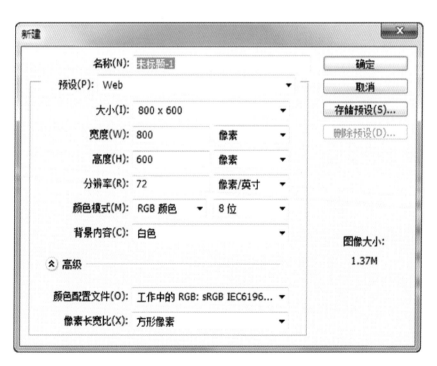

图 1–26　新建画布

图 1–28　矩形

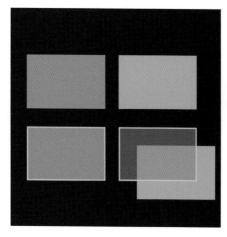

图 1-29　各种矩形　　　　　图 1-30　选择"圆角矩形工具"　　　　图 1-31　设置圆角半径数值

3. 不规则形状

（1）选择形状工具里的一个基础形状工具，可选"自定形状工具"来绘制，如图 1-33 所示。

（2）假设用"椭圆工具"和"矩形工具"绘出了部分重叠的一个圆形和一个正方形。通过设置，图形可在四种不同的模式下叠加出四种不同的效果（见图 1-34）。

叠加是形状塑造的基础，诸多复杂形状就是利用图形之间的叠加和设置来完成的。

复杂的形状（见图 1-35）都是通过一些基础形状的组合来实现的，通过使用不同的叠加模式可以创造出千变万化的形状。但是要实现这种效果，还需要使用"钢笔工具"和一些其他的改变锚点的工具，具体操作在后面的章节再详细讲述。

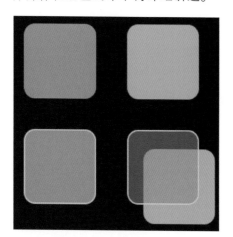

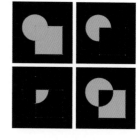

图 1-34　四种不同的效果

图 1-32　不同的圆角矩形　　　　图 1-33　选择"自定形状工具"　　　　图 1-35　复杂的形状

二、常用控件制作

1. 命令按钮

命令按钮是指可以响应鼠标点击或手指单击触发的基础控件。作用是对用户的单击做出反应并触发相应的事件，在按钮中既可以显示正文，也可以显示位图。

（1）选择形状工具里的"圆角矩形工具"，绘制一个按钮的基本形态，如图 1-36 所示。

（2）设置圆角矩形的图层混合选项，参数设置如图 1-37 所示。

图 1-36　按钮的基本形态

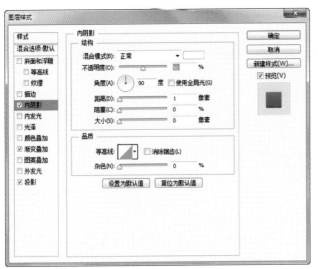
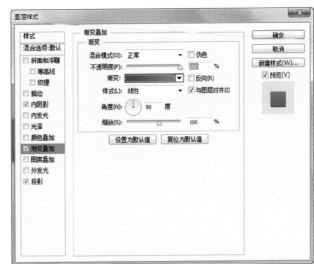

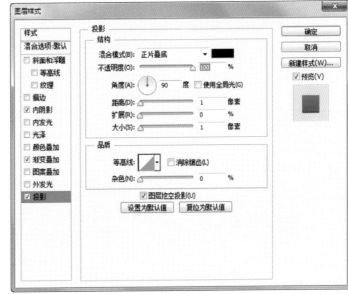

图 1–37　参数设置

　　设置好后得到图 1–38 所示的效果，用颜色渐变和投影塑造出按钮微微凸起的立体感。这是静态视觉暗示。

　　（3）给按钮加上文字（见图 1–39）。按钮上的文字信息一般用来告诉用户这是一个什么按钮及按下去会有什么样的结果。

　　（4）给文字图层设置图层混合选项（见图 1–40），这里设置不透明度为 50%、角度为 –90° 的1 px 的投影。

　　文字呈现凹陷效果（见图 1–41），整个按钮就完成了，但这只是默认状态的按钮。

　　在设计一个按钮的时候要考虑所有的状态。第一种是默认的状态，上面绘制的就是默认状态的按钮。第二种是鼠标掠过时的状态，如图 1–42 和图 1–43 中的第二个按钮的状态，这涉及动态视觉暗示。第三种是按下的一瞬间的状态，如图 1–42 和图 1–43 中的第三个按钮的状态，这个状态能起到示范性响应的反馈作用。第四种是不可用状态，也是一种静态视觉暗示，告诉用户这个按钮暂时是不能点的，或者点了不起作用，除非达到某个条件它才会被激活。这种状态的使用场景很少，因为出于对用户体验的考虑，不能点的按钮最好不要出现，以免对用户造成困扰和增加设计者的设计成本。

图 1-38　效果

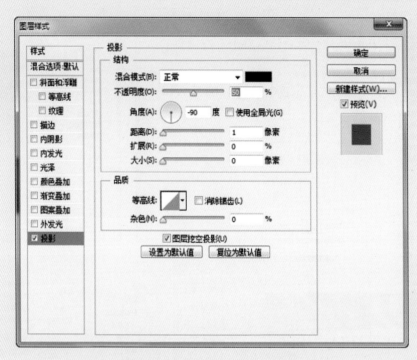

图 1-40　设置文字图层混合选项

图 1-39　给按钮加上文字

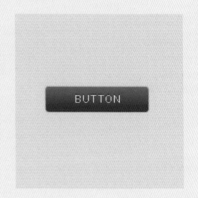

图 1-41　凹陷效果

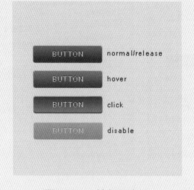

图 1-42　按钮示例 1

图 1-43　按钮示例 2

2. 单选按钮

单选按钮（radio button）是一个基础控件。用两个或多个该控件，并且将群组属性设置为相同值，可使选择的结果唯一。标准的单选按钮有五种状态，分别是默认、掠过、单击（鼠标单击的一瞬间）、按过后掠过（鼠标略过按钮区域）和按过（选中后鼠标离开按钮）。在 Web 程序和 iOS、Android 中，出于对性能的考虑或在没有光标事件的情况下可能只选用默认、按下、按过三种状态。单选按钮示例如图 1-44 所示，其制作步骤如下。

（1）选择形状工具里面的"椭圆工具"，绘制一个正圆的形状图层，如图 1-45 所示。

图 1-44　单选按钮示例

图 1-45　正圆的形状图层

（2）选中这个圆形图层，设置它的图层混合模式，得到默认状态的单选按钮。其参数设置如图1-46所示。

（3）复制出一个默认状态的单选按钮，设置它的描边颜色，得到一个鼠标掠过状态的单选按钮（见图1-47）。

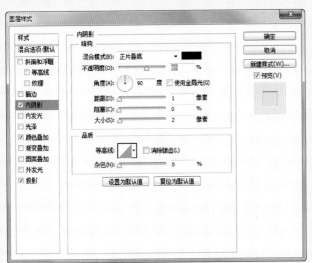
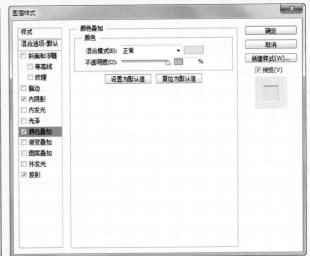

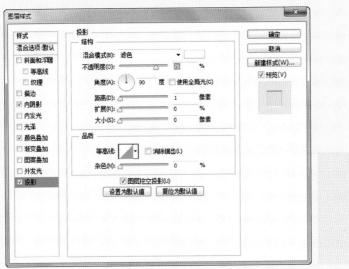

图1-46 参数设置

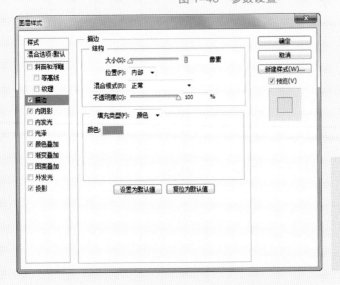

图1-47 设置掠过状态的单选按钮

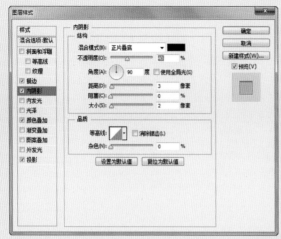

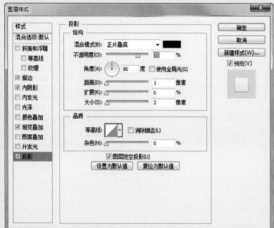

图 1-48　调整内阴影、投影和颜色叠加属性

图 1-49　按下状态效果　图 1-50　绘制一个略小
的圆形

（4）复制出一个鼠标掠过状态的单选按钮，设置它的图层混合选项。只需调整内阴影、投影和颜色叠加属性，如图 1-48 所示，让它更暗一些。

得到按下状态效果，如图 1-49 所示。

（5）复制出一个掠过状态的单选按钮，在其中绘制一个略小的圆形，如图 1-50 所示。

（6）选中这个稍小的圆形的图层，设置它的图层混合选项，参数设置如图 1-51 所示。

（7）在最上层图层绘制一个深灰色的小圆点，

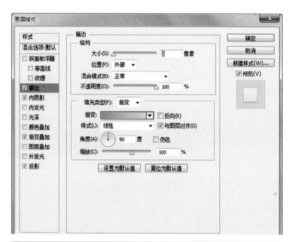

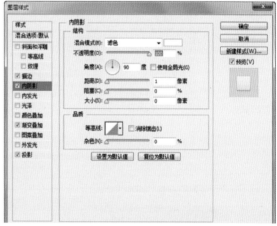

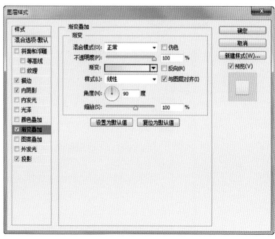

图 1-51　稍小圆形的图层的参数设置

完成按过后掠过状态的单选按钮，如图 1-52 所示。

（8）依照上面方法再绘制一个按过状态的单选按钮，如图 1-53 所示，五种状态便全部完成。

3. 复选框

复选框（见图 1-54），英文为 check box，通过其属性和设置方法可以完成复选的操作。这是一个基础控件。标准的复选框有五种状态，分别是默认、掠过、按下（鼠标按下的一瞬间）、按过后掠过（鼠标掠过按钮区域）和按过（选中后鼠标离开按钮）。在 Web 程序和 iOS、Android 中，出于对性能的考虑或在没有光标事件的情况下可能只选用默认、按下、按过三种状态。复选框制作步骤如下。

（1）选择形状工具里的"圆角矩形工具"，绘制一个宽和高相等的圆角矩形形状图层，如图 1-55 所示。

（2）选中这个圆角矩形，设置它的图层混合模式，得到默认状态的复选框。参数设置如图 1-56 所示。

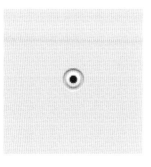

图 1-52　按过后掠过状态 的单选按钮　　　图 1-53　按过状态的 单选按钮

图 1-54　复选框　　　图 1-55　圆角矩形 形状图层

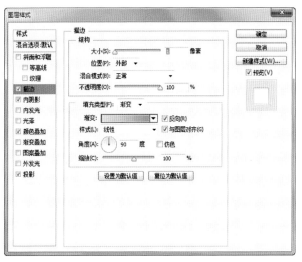
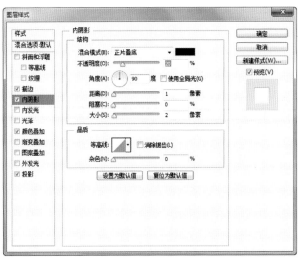
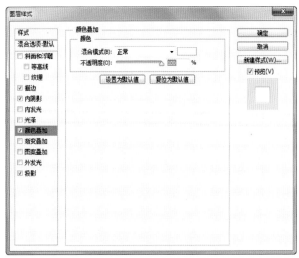

图 1-56　参数设置

所得效果如图 1-57 所示。

（3）复制出一个默认状态的复选框，设置它的描边颜色，得到一个鼠标掠过状态的复选框，如图 1-58 所示。

（4）复制出一个鼠标掠过状态的复选框，设置它的图层混合选项，只需调整内阴影和颜色叠加属性，如图 1-59 所示，让它更暗一些。

按下状态复选框效果如图 1-60 所示。

（5）复制出一个掠过状态的复选框，在其中用"钢笔工具"或形状的组合绘制一个钩，得到按过后鼠标掠过状态的复选框，如图 1-61 所示。

在以往的网页设计中，可以看到使用"铅笔工具"绘制的图 1-61 那样的点阵图形，因为在以前显示终端的分辨率和屏幕密度不高的情况下，这种精度勉强够用，人眼也能分辨。但是在目前的科技条件下，屏幕密度越来越大，画面和图像越来越精细，精度早已超过了传统印刷的精度。为了能更好地显示效果及

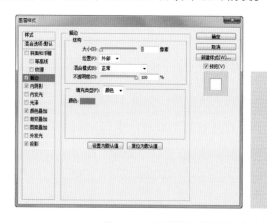

图 1-57　效果　　　　　　　　　　　　　图 1-58　设置得到掠过状态的复选框

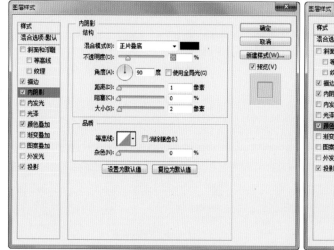

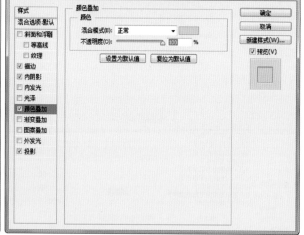

图 1-59　调整内阴影和颜色叠加属性

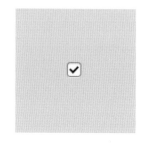

图 1-60　按下状态复选框效果　　　　　图 1-61　按过后掠过状态的复选框

方便缩放为不同尺寸，还是建议用路径（也就是图 1-62 所示的形状图层）来绘制。

（6）依照上面方法再绘制一个按过状态的复选框（见图 1-63）。五种状态便全部完成。

4. 下拉列表

对有些形式的输入，用户必须从适用选项列表中选择一个选项，这就要用到下拉列表控件。利用下拉列表控件创建一个包含多个选项的下拉列表，用户可以从中选择一个选项。下拉列表示例如图 1-64 所示。它同样有几种不同的状态，即默认、鼠标掠过、按下和按过。在 Web 程序和 iOS、Android 中，出于对性能的考虑或在没有光标事件的情况下可能只选用默认、按下、按过三种状态。制作下拉列表的方法和绘制按钮大同小异，这里就不再赘述。这里重点讲解它的不同状态。

（1）默认状态效果如图 1-65 所示。一般情况下默认状态会设置一个默认选项，这个默认选项常被定义为"全部"。需要有箭头的元素来体现其为下拉列表，可以是向下的箭头，也可以是上下方向都标明的箭头（这种箭头暗示用户有隐藏的信息）。

（2）鼠标掠过状态如图 1-66 所示，与默认状态相比要有人眼能分辨的视觉差异。

（3）按下状态时下拉列表伸展出来，用户可以在某个项中选择一项单击。光标移动进行选择的时候也有鼠标掠过的反馈机制，如图 1-67 所示。

（4）按过状态如图 1-68 所示。单击选择某一项后，框体内显示的是所选择的项的信息。

图 1-62　形状图层

图 1-63　按过状态的复选框

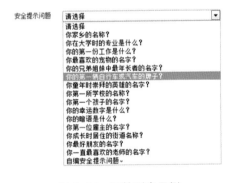

图 1-64　下拉列表示例

图 1-65　默认状态效果

图 1-66　鼠标掠过状态

图 1-67　反馈机制

5. 选项卡

选项卡是用于设置选项的模块，如图 1-69 所示，每个选项卡代表一个设置活动的区域。Windows 里，用多个标签页区分不同选项功能的窗口。制作选项卡的方法和绘制按钮大同小异，这里就不再赘述。

默认状态下，选项卡里有一个聚焦状态的标签页，代表显示的是当前选项下的内容，如图 1-70 所示。

当鼠标掠过其他未被选中的选项标签时，出现动态视觉提示（见图 1-71），例如改变颜色、亮度等。

按过状态选项卡如图 1-72 所示。当鼠标单击选中另一个选项卡，这时选中的为聚焦状态。

图 1-68　下拉列表按过状态

图 1-69　选项卡示例

图 1-70　聚焦状态的标签页

图 1-71　动态视觉提示

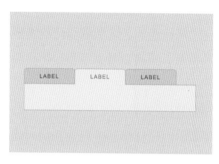

图 1-72　按过状态选项卡

6. 开关

开关控件（见图 1-73）顾名思义就是表示开启和关闭的控件，在界面设计里一般用于打开或关闭某个功能。熟悉的例子有手机里面的打开或关闭飞行模式的图标。这种设计符合现实生活的经验，是一种习惯用法。制作开关控件步骤如下。

（1）绘制一个灰色的圆角矩形（见图 1-74），圆角半径要设置大一些，为 20 px 左右。

（2）选中这个圆角矩形，设置它的图层混合模式，参数如图 1-75 所示，效果如图 1-76 所示。

（3）绘制一个蓝色的圆角矩形（见图 1-77），宽度为灰色矩形的一半，高度相等。

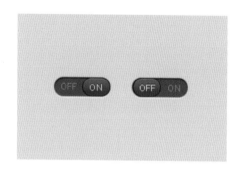

图 1-73　开关控件

图 1-74　灰色圆角矩形

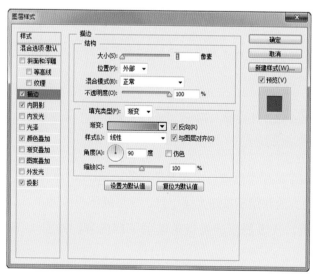

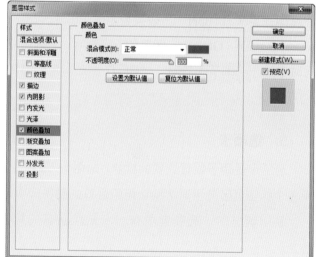

图 1-75　参数

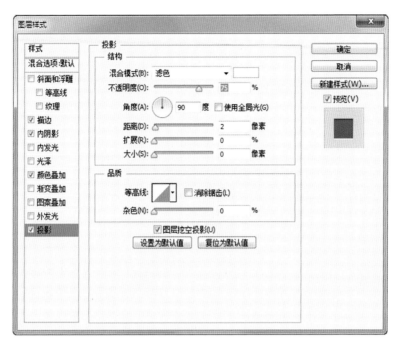

续图 1-75

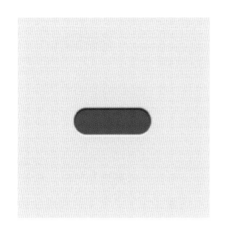

图 1-76 灰色圆角矩形效果

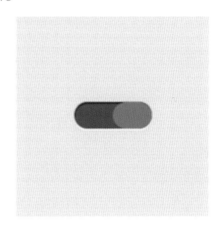

图 1-77 绘制一个蓝色的圆角矩形

（4）选中这个蓝色圆角矩形，设置它的图层混合模式，参数如图 1-78 所示，效果如图 1-79 所示。

（5）添加文字，"OFF"用相对背景对比度不高的颜色，"ON"用相对背景对比度高的颜色，因为要强调开关状态"ON"。效果如图 1-80 所示。

（6）设置"ON"文字图层的混合选项，制造凹陷效果投影（见图 1-81），强调"ON"状态的凸显地位，同时增加一些细节和质感。"OFF"状态的制作方法类似。

图 1-78 参数

图1-79　蓝色圆角矩形效果

图1-80　添加文字效果

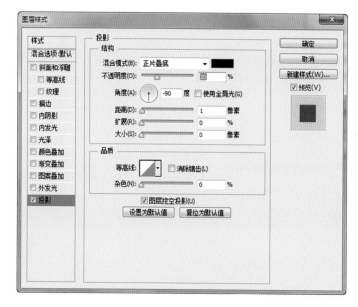

图1-81　设置得到凹陷效果投影

7. 滚动条

滚动条（见图1-82），英文为 scroll bar，是一种基础控件，有自己的属性和方法。滚动条由滚动滑块和滚动箭头组成，可以实现页与页的切换，也可以上下、左右调整工作区。利用这些属性和方法，用户可以对滚动的效果进行定制。

下面绘制一个简化的滚动条，它看上去更简洁一些。

（1）绘制一个黑色圆角矩形，形状要足够细长，如图1-83所示。

（2）将这个黑色条状圆角矩形的填充度设置为10%，如图1-84所示。

（3）绘制一个白色圆角矩形作为滑块的基础形态，如图1-85所示。

（4）设置白色滑块的图层混合模式，塑造微凸的立体感，参数如图1-86所示。效果如图1-87所示。

（5）绘制滑块上的凹槽。使用"矩形工具"绘制高度为1 px的浅灰色矩形，如图1-88所示。设置混合选项中的"投影"，给凹槽加上1 px的白色投影，效果如图1-89所示。复制出两个同样的凹槽图形垂直等距排列好，同时注意和滑块要垂直居中对齐。这样，凹槽效果就完成了。

图1-82　滚动条　　　　图1-83　细长的圆角矩形

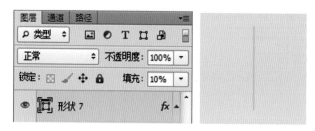

图1-84　填充度设置

图 1-85　滑块的基础形态

图 1-86　白色滑块的参数

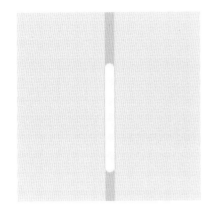

图 1-87　滑块的效果

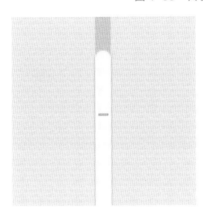

图 1-88　浅灰色矩形

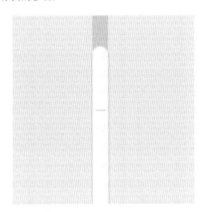

图 1-89　凹槽效果

最终效果如图 1-90 所示。

8.　进度条

进度条即计算机在处理任务时以图片形式实时显示处理任务的速度、完成度、剩余未完成任务量的大小和可能需要的处理时间的控件，一般以长方形条状显示。进度条绘制方法和滚动条类似，不同的是颜色和质感处理，这里不再赘述。进度条示例如图 1-91 所示。

9.　步骤条

步骤条一般用于将复杂的任务分解成几步来完成，属于一种引导用户的模式。步骤条应使用户感到清晰而有条理，同时能观察到全局和完成度。应避免设计可能会让用户沮丧和失去耐心的冗长任务表单，也应避免使一个界面下操作过于复杂。步骤条如图 1-92 所示。

步骤条有三种不同的状态（见图 1-93），即已完成的步骤、当前正在进行的步骤和未完成的步骤。

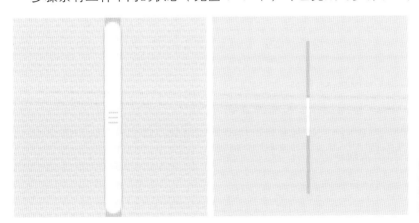

图 1-90　最终效果

图 1-91　进度条示例

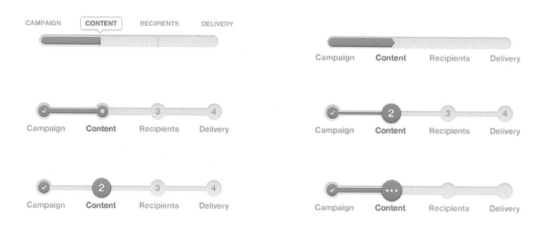

图 1-92　步骤条

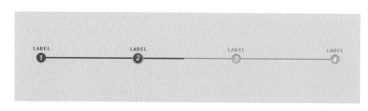

图 1-93　步骤条的三种不同的状态

图 1-93 中第 1 步对应的是已完成状态。

第 2 步对应的是进行中状态，采用视觉强调和差异来标记这个聚焦状态，同时也是一种导航。

第 3 步和第 4 步显然是未完成状态的步骤，因此采用了无色相的灰色和弱对比来处理。

要允许从当前进行的步骤退回到已完成的步骤，当然，进行中步骤要可以前进到未完成的下一步骤。

常用的步骤条都使用数字作为步骤的标志，这是因为数字依次排列本身就是一种从左到右的指向。

10. 输入框

输入框是供用户输入信息的基础控件，鼠标点击框体会插入输入的光标。输入框由标题、框体、默认输入提示文本组成，在表单里面的输入框还应有错误提示、必输入项和非必输入项的提示及输入正确的提示等，这些是基于用户体验的设计。输入框有三种状态，即默认、聚焦和失焦。

（1）默认状态（见图 1-94）会设置一个初始文本用以呈现输入的提示信息，一般使用低对比的颜色，为的是告诉用户这不是已经输入内容的输入框。

（2）聚焦状态（见图 1-95）下，会有视觉差异的对比来告诉用户这个是正在编辑的输入框。同时，插入闪烁的光标，告诉用户可以编辑文字了。

（3）失焦状态见图 1-96，在输入完毕后，用户的鼠标点其他地方离开输入框，输入框改为失焦状态。这时鼠标的离开表示输入完成。

11. 消息框

消息框（见图 1-97）是用于在必要的时候给用户一些提示或警告的窗口。例如，消息框能够在应用程序执行某项任务过程中出现重要问题时通知用户。消息框是一种模态对话框，它的出现会打断用户，所以不是重要的问题不要使用这种打断用户的提醒方式。为了使用户能够关闭消息框，消息框需要在标题栏中带有关闭按钮。图 1-97 中的消息框的制作步骤如下。

（1）使用"矩形工具"绘制一个白色矩形（见图 1-98），作为消息框内容的显示区。

（2）设置白色矩形的图层混合模式，参数如图 1-99 所示，效果如图 1-100 所示。

（3）使用"圆角矩形工具"和"矩形工具"绘制图 1-101 所示的深灰色条状标题栏，宽度和白色矩形保持一致。

（4）设置深灰色标题栏的图层混合模式，参数如图 1-102 所示。

标题栏基础就完成了，效果如图 1-103 所示。

（5）用"矩形工具"在标题栏基础靠右位置绘制细长矩形，如图 1-104 所示，作为标题栏上关闭按钮的分隔线。设置分隔线的混合选项，得到白色向右 1 px 的投影，效果如图 1-105 所示。

（6）选中分隔线所在的图层，点击"图层"面板下方的工具栏里的"添加图层蒙版"按钮，在这个图层上添加一个图层蒙版。然后点选工具栏里面的"渐变工具"，在顶部的工具选项中选择"前景色到透明渐变"，如图 1-106 所示。将前景色选为黑色，将渐变工具的光标移动到画布上，从分隔线的底端往上拖动到分隔线高度的 1/2 位置，可以看到分隔线变成了渐隐的效果。

（7）调整分隔线的位置，并在右侧绘制一个关闭按钮，如图 1-107 所示。

（8）在绘制好的标题栏左边位置添加上需要的标题。

（9）绘制一个提示消息的图标，在消息框的内容区域绘制橙色的圆形（见图 1-108）。

图 1-94　默认状态

图 1-95　聚焦状态

图 1-96　失焦状态

图 1-97　消息框

图 1-98　白色矩形

图 1-99　参数

图 1-100　效果

图 1-101　深灰色条状标题栏

图 1-102　标题栏的参数

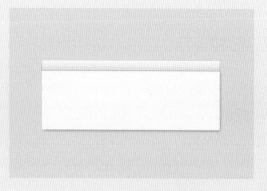

图1-103　标题栏基础效果

图1-104　绘制分隔线

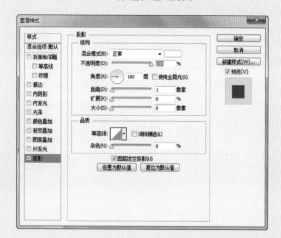

图1-105　分隔线混合选项设置及效果

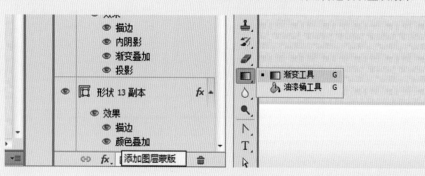

图1-106　渐隐效果设置

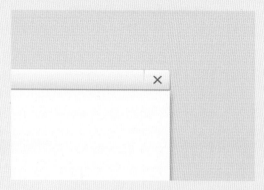

图1-107　关闭按钮

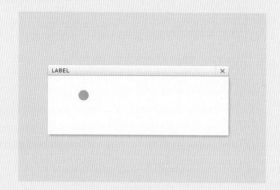

图1-108　绘制橙色图形

（10）设置橙色圆形的图层混合模式，参数如图1-109所示。

得到的效果如图1-110所示。

（11）绘制一个感叹号图形，放置在圆形内，这样提示图标便完成了，如图1-111所示。

（12）添加提示的文字内容和与功能相关的按钮（见图1-112）。注意按钮上的文字描述要对应和统一，例如"是"和"否"、"确定"和"取消"等。

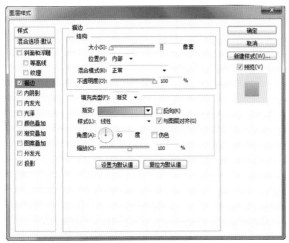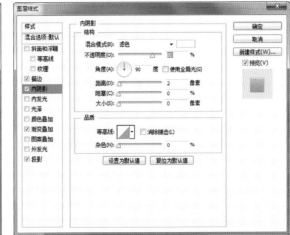
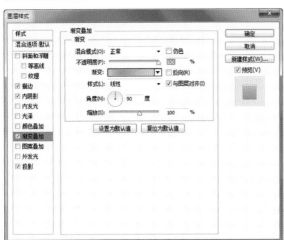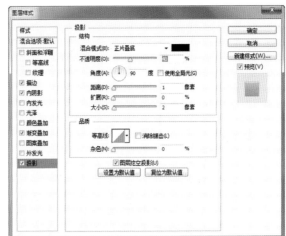

图 1-109　橙色圆形参数

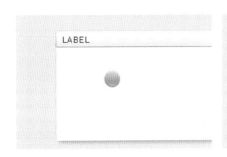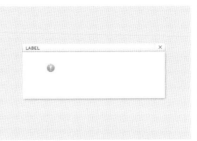

图 1-110　橙色圆形效果　　　　图 1-111　提示图标　　　　图 1-112　文字内容和按钮

12.　日期选择控件

使用日期选择控件是为了减少键盘输入，是方便用户输入日期时间的拟物设计。该控件模拟用户在生活中使用日历的经验，使用户可方便快捷地选择输入日期信息。它也有三种状态，即默认、聚焦和按下。

（1）默认状态（见图 1-113）会显示一个日期，一般显示当前日期，在不同的业务场景下可能是别的日期。

（2）聚焦状态下会弹出显示日历面板（见图 1-114），也有标题栏和内容区。标题栏上是对应的年和月，同时有切换月的按钮，内容呈现的是当前月的所有天。其中当前日期作为对用户很重要的信息要被标记出来。同时，在选择日期的时候需要有动态的视觉反馈，例如图 1-114 中掠过"25"时会显示蓝色色块。

（3）按下状态如图 1-115 所示，选择一个日期后，框体中出现的是用户选择的日期。

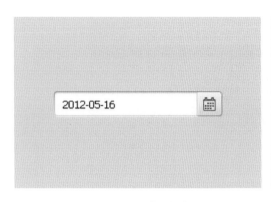

图 1-113　默认状态　　　　　　　图 1-114　日历面板　　　　　　图 1-115　按下状态显示选中日期

13. 操作栏

操作栏（见图 1-116）英文为 action bar，一般是为用户能更快找到程序中频繁使用的功能，而专门开辟出的来设置这些常用操作的一块地方。这样的设计直观突出，且经常使用这类操作的用户会觉得更方便、更有效率。例如图 1-116 所示为 Gmail 里面的操作栏，对于邮件来说常用的存档、标记、删除、转移管理等功能都被设置在操作栏里，方便用户快速处理邮件。

（1）默认状态（见图 1-117）的操作栏中表示操作的按钮作为一组排列成一栏。同一类型的操作元素要在视觉上归为一组，也就是说，它们的视觉属性应该是一致的，同时位置要尽量靠近。

（2）鼠标掠过状态见图 1-118，当鼠标划过某个操作项时，需要出现动态视觉暗示。这个设计可采用使按钮微微凸起的方式，暗示它可以像按钮一样被按下。

（3）按下状态的操作栏中的按钮有向内凹陷的视觉改变（见图 1-119）。鼠标释放则触发这个动作。

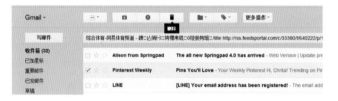

图 1-116　操作栏

图 1-117　默认状态　　　　　图 1-118　鼠标掠过状态　　　　　图 1-119　按钮的视觉改变

操作栏的绘制方法结合了按钮和图形的绘制方法。

14. 图标

图标如图 1-120 所示。

图标（icon）广泛应用于数字人工制品，包括程序标志、数据标志、命令选择、模式信号或切换开关、状态指示等。恰当地使用图标有助于用户快速执行命令和打开程序文件。单击或双击图标一般可以执行一个命令。图标有一套标准的大小和属性格式，且通常是小尺寸的。每个图标都含有多张相同显示内容的图片，每一张图片具有不同的尺寸和颜色数。一个图标就是一套相似的图片，每一张图片有不同的格式。图

图 1-120　图标

标还有另一个特性：它含有透明区域，在透明区域内可以透出图标下的背景。因为操作系统和显示设备具有多样性，所以图标需要有多种尺寸规格。

图标的常见尺寸规格（单位：px）如下。

（1）Windows XP：48×48、32×32、24×24、16×16。

（2）Windows Vista：256×256、64×64、48×48、32×32、24×24、16×16。

（3）iOS：512×512、114×114、57×57、30×30、29×29、20×20。

15. 输出资源图

设计好图标后，有必要将图标图像输出成资源图提供给程序使用。

第一步就是将图标裁切成上述的规范尺寸。

第二步是隐藏背景，除了图标本身的元素，方形背景下的其他区域应是透明的。

第三步是输出，一般输出 png 格式文件（之前为了使文件更小、便于加载，常输出 gif 格式），可选 png-24，也可选 png-8。png-8 和 gif 格式一样，最多支持 256 色，对于边缘没有弧度和透明度的网页图标设计是够用的，但是在图标中有较多细节或是透明度和弧度的时候会显示锯齿，所以还是推荐使用 png-24 格式，有透明度的时候务必勾选保留透明度选项。

图 1-121 是原稿与 png-24、png-8（128 色）和 gif（32 色）格式对比。

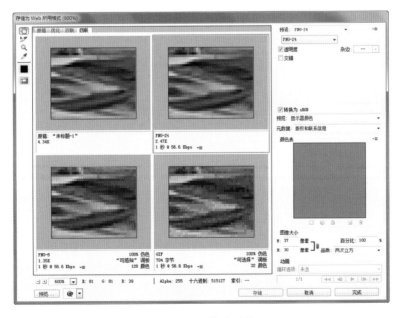

图 1-121　格式对比

三、怎样绘制图标

以下介绍如何用 Adobe Illustrator 绘制矢量图标。

用矢量软件绘制的矢量格式的图标，能够自由缩放尺寸，而不影响清晰度，也能输出为各种尺寸和格式的图片文件。

模仿 iOS 的设置图标来练习绘制，最终效果如图 1–122 所示。

（1）新建画布 800 px×600 px，"单位"设置为像素，如图 1–123 所示。

（2）点选"圆角矩形工具"，在画布上左击鼠标，弹出对话框，选择图 1–124 所示参数，点击"确定"按钮。

（3）在画布上直接点击一下，就可以作出一个标准的圆角矩形。

（4）在"颜色"面板中选择颜色为深灰色，这样圆角矩形内部就被深灰色填充好了，如图 1–125 所示。

图 1–122　效果

图 1–123　新建画布

图 1–124　点选"圆角矩形工具"并设置参数

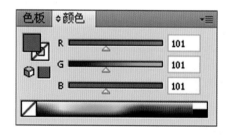

图 1–125　标准的圆角矩形及其填充

（5）使用"椭圆工具"，绘制两个圆，如图 1–126 所示，一个深色，一个略浅。

（6）把这两个圆编组，按住 Alt 键不动，用鼠标向右拖动复制一组这个元素。然后按"Ctrl+D"组合键重复上一步动作。这样能得到一排圆点。同理，将这一排圆点编组，复制成一片圆点（见图 1–127）。

（7）将这一片圆点旋转 45°，编组，放置在刚画的圆角矩形之上，如图 1–128 所示。

（8）选择圆角矩形，按"Ctrl+C"组合键复制，再按"Ctrl+F"组合键在其之上复制出一个同样的元素，按"Ctrl+】"组合键使其置于所有元素之上，并将其设置成黑色，便于区分。选择所有元素，单击鼠标右键，选择"建立剪切蒙版"，得到图 1–129 所示的结果。

（9）在画布空白地方绘制一个圆，再绘制一个小三角形，如图 1-130 所示。

（10）选择小三角形后，选取"旋转工具"（见图 1-131）；用光标找到圆的圆心位置，按 Alt 键，会弹出一个窗口，如图 1-132 所示，将旋转角度设定为 15°，勾选"预览"复选框，并点击"确定"按钮，复制出一个以圆的圆心为中心点旋转了 15° 的小三角形，如图 1-133 所示。

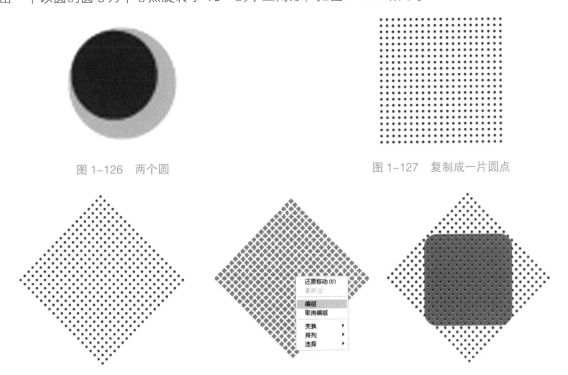

图 1-126　两个圆　　　　　　　　　　　　　　　图 1-127　复制成一片圆点

图 1-128　圆点旋转、编组并放置在圆角矩形上

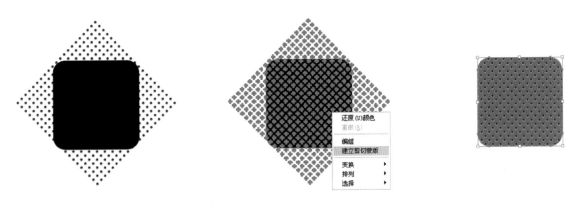

图 1-129　复制圆角矩形、设置并建立剪切蒙版后的结果

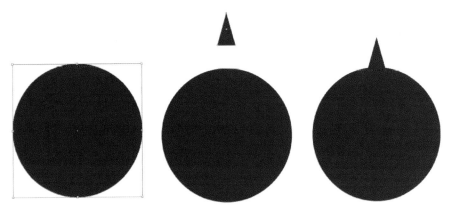

图 1-130　绘制圆和小三角形

图 1-131　选择"旋转工具"　　　　　图 1-132　旋转设置　　　　　图 1-133　复制出一个小三角形

（11）按"Ctrl+D"组合键，重复上一步动作多次，这样得到一个齿轮的外形（见图 1-134）；选择中间的圆，按"Ctrl+C"组合键复制，按"Ctrl+F"组合键在上方粘贴一个一样的圆，把圆设置为白色，如图 1-135 所示。

（12）在菜单"窗口"中选择"路径查找器"，会弹出"路径查找器"调板，如图 1-136 所示。

图 1-134　齿轮的外形　　　　　　　　图 1-135　把圆设置为白色

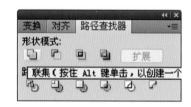

图 1-136　打开"路径查找器"调板

（13）框选齿轮和白色的圆，点击调板上"形状模式"的第二个按钮"减去顶层"，这样会得到空心的齿轮，如图 1-137 所示；在齿轮的中间，画一个小圆，如图 1-138 所示。

（14）画一个矩形，如图 1-139 所示。可以使用"垂直对齐"来对齐元素。选择矩形，用刚才复制齿轮锯齿的方法来得到五个矩形，这次设置旋转角度为 72°；然后把中间的部分稍微转点角度（见图 1-140），调整一下；最后全部选定，用路径查找器合并这个路径（见图 1-141）。

图 1–137　空心的齿轮

图 1–138　画一个小圆

图 1–139　画一个矩形

图 1–140　得到五个矩形并稍微旋转

图 1–141　调整角度后合并路径

（15）把齿轮缩小，放在刚才的圆角矩形背景上，如图 1–142 所示，设置齿轮的填充方式为渐变。选择齿轮，点击菜单"效果"—"风格化"—"投影"，在弹出的窗口设置投影的参数，如图 1–143 所示。

（16）在齿轮中心画一个小圆，简单画出小圆的凹凸效果，如图 1–144 所示。

（17）用上文介绍的方法再画一个小齿轮，复制出另一个小齿轮。把两个齿轮都摆在大齿轮的上面，在旁边画一个灰色的圆角矩形框，如图 1–145 所示。

图 1–142　将齿轮缩小后放在圆角矩形背景上

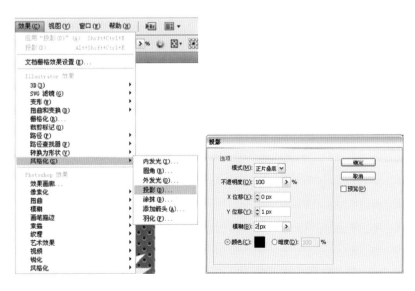

图 1–143　设置投影的参数

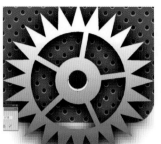

图 1-144　齿轮中心小圆的凹凸效果

图 1-145　画小齿轮和灰色圆角矩形框

（18）在画布空白处画一个圆，点击菜单"效果"—"风格化"—"投影"，设置投影，参数如图 1-146 所示。

（19）选中圆形，点击菜单"对象"—"扩展外观"，得到图 1-147 所示效果，点击白色圆形并删除，得到阴影效果，如图 1-148 所示。

（20）复制得到 4 个同样的阴影，放在灰色框的四个角上。在灰色框内部绘制一个白色框，作为反光。将刚才绘制的元素全部选定，编组，如图 1-149 所示。

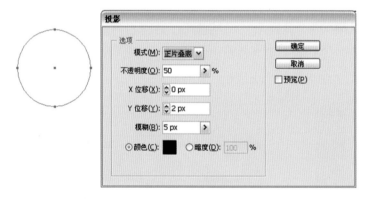

图 1-146　画圆并设置投影参数

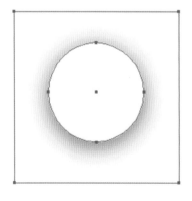

图 1-147　扩展外观效果　　　　　　　　图 1-148　阴影效果

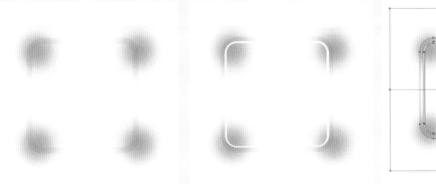
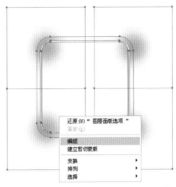

图 1-149　绘制阴影、反光并编组

（21）将所编组摆放在图标主体之上，框的外形与图标对齐，如图 1-150 所示；在框的上方绘制一个与框同等大小的圆角矩形；全部选定，点击鼠标右键，选择"建立剪切蒙版"，如图 1-151 所示。所得效果如图 1-152 所示。

（22）绘制一个图 1-153 所示的白色渐变层，覆盖在图标上方。注意每个图形之间的形状剪切与组合。最终效果如图 1-154 所示。

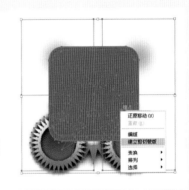

图 1-150　将所编组摆放在图标主体之上　　　　图 1-151　绘制圆角矩形并建立剪切蒙版

图 1-152　建立剪切蒙版后的效果　　　图 1-153　绘制白色渐变层　　　图 1-154　最终效果

四、图片效果处理

1. 图片投影

（1）用 Photoshop 打开一张图片，裁成正方形，如图 1-155 所示。

（2）在图片下方新建一个图层，绘制一个略大的白色正方形作为图片的边框，如图 1-156 所示。

（3）使用"钢笔工具"绘制一个图 1-157 所示的路径。

（4）在"图层"面板底部找到将路径转化为选区的按钮，点击按钮将路径转化为选区，如图 1-158 所示。

（5）在顶部菜单中找到"选择"—"修改"—"羽化"，打开"羽化选区"对话框，如图 1-159 所示，在对话框中填写羽化半径为 8 px。

（6）用黑色填充，效果如图 1-160 所示。

（7）将绘制好的投影图层一半置于白色图层之下，并调整位置，效果如图 1-161 所示。

（8）复制一个投影图层，并使它水平翻转，然后合并这两个投影图层，效果如图 1-162 所示。

（9）调整这个投影的宽度，使它看起来刚好像图片那么宽，如图 1-163 所示。

（10）将投影图层的透明度降低，调整为 50%，效果如图 1-164 所示。

（11）使用同样的方法绘制一个高度小一点的投影，这次羽化的值设置得小一些——4 px，如图 1-165 所示。

（12）透明度设置为 40%，效果如图 1-166 所示。

图 1-155　正方形图片

图 1-156　加边框

图 1-157　绘制路径

图 1-158　将路径转化为选区

图 1-159　打开"羽化选区"对话框，设置弱化半径

图 1-160　填充黑色后的效果

图 1-161　调整投影位置后的效果

图 1-162　复制投影后的效果

图 1-163　调整投影宽度

图 1-164　降低投影图层透明后的效果

（13）调整大小和位置，图层置于刚才的投影之上，效果如图 1-167 所示。

这样投影效果（见图 1-168）便完成了。之所以绘制两个投影，是因为这样呈现的细节和层次更丰富，更具空间感。

2. 图片倒影

（1）仍使用图 1-155 中的正方形图片，采用前述方法制作白色边框（在图片下方新建图层，绘制一个略大的白色正方形）。

（2）复制这个图层，摆放于原图片的下方，空出 2 px 的间隔，然后垂直翻转这个图层，如图 1-169 所示。

图 1-165　绘制出另一个投影

图 1-166　透明度设置后的效果

图 1-167　调整大小、位置和图层顺序后的效果

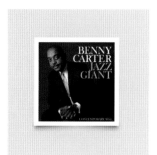

图 1-168　投影效果

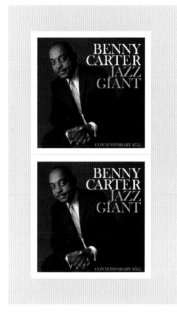

图 1-169　图层处理

（3）选中垂直翻转的图片所在的图层，点击"图层"面板下方的工具栏里的"添加图层蒙版"按钮，在这个图层上添加一个蒙版。然后点选工具栏里面的"渐变工具"，在顶部的工具选项中选择"前景色到透明渐变"。将前景色选为黑色，将渐变工具的光标移动到画布上，从垂直翻转的图片的底端往上拖动，可以看到图片变成了渐隐的效果，如图 1-170 所示。

（4）选中垂直翻转的图片所在的图层，将填充度设置为 40%。倒影效果便完成了，如图 1-171 所示。

3. 层叠效果

（1）按照上文介绍方法绘制一个带白色边框的图片，如图 1-172 所示。

（2）设置混合选项里面的"描边"选项，内部描边 1 px，采用浅灰色。效果如图 1-173 所示。

（3）用"矩形工具"绘制一个白色矩形，设置一样的描边。调整宽度，使它左右各缩进 3 px。调整第二层的大小和位置，让它只向下露出来 3 px。这样绘制出两张照片层叠的效果，如图 1-174 所示。

（4）重复刚才的做法，绘制第三层，如图 1-175 所示。

（5）绘制第四层。最终的层叠效果如图 1-176 所示。

图 1-170　渐隐设置及效果

图 1-171　填充度设置及倒影效果

图 1-172　带白色边框的图片

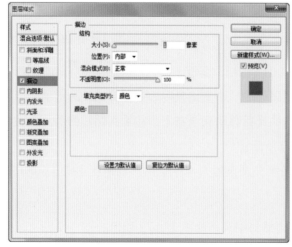

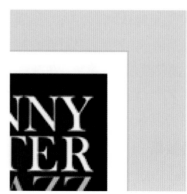

图 1-173　描边设置及效果

图 1-174　绘制矩形，形成层叠效果

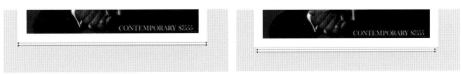

图 1-175　绘制第三层

4. 折角效果

（1）复制利用刚刚绘制过的图 1-172，在右上角绘制黑色正方形，使黑色正方形右上顶点与白框右上顶点重合。

（2）使用"删除锚点工具"，删除黑色正方形右上角的那个锚点。效果如图 1-177 所示。

（3）设置这个黑色三角形的图层混合模式，参数如图 1-178 所示。得到一个折角效果的雏形，如图 1-179 所示。

（4）用"直接选择工具"选取三角形折角左下方的锚点，调整它的位置，效果如图 1-180 所示。

（5）使用"钢笔工具"绘制一个图 1-181 所示的路径，将路径转化为选区（见图 1-182），然后羽化这个选区，羽化半径为 4 px。

图 1-176　层叠效果

图 1-177　删除锚点及其效果

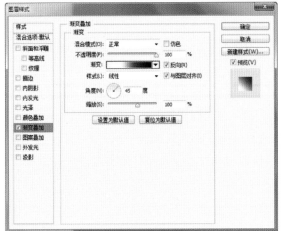

图 1-178　参数

 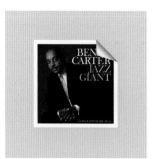  

图 1-179　折角效果的雏形　　图 1-180　调整折角效果　　　图 1-181　绘制路径　　图 1-182　将路径转化为选区

（6）用黑色填充羽化过后的选区，效果如图 1-183 所示。

（7）用选区方式选择图片和折角以外的部分，并将它们删除，如图 1-184 所示。

得到图 1-185 所示的效果。

（8）将折角的投影透明度改为 40%（见图 1-186），并用"橡皮擦工具"微微擦掉一些不柔和的地方。

（9）用上文介绍的制作投影的方法制作同样的投影，便完成最终的效果，如图 1-187 所示。

图 1-183　用黑色填充羽化后的选区　　　图 1-184　选择并删除图片和折角以外部分　　　图 1-185　效果

图 1-186　调整透明度　　　　　　　　　　　　　图 1-187　最终效果

第二章
桌面软件界面设计实例

第一节 即时通信软件界面设计实例

一、登录界面

登录界面（见图 2-1）是即时通信软件必需的界面，也是用户使用软件第一时间看到的界面。

登录界面除了要传递品牌信息外，还要提供一个清晰简便的登录流程，方便用户快速地登录成功并使用软件。所以，它的层次结构和视觉引导流程是很重要的。

看图 2-1，其流程为：

首先是"Dtlak"标志，属于品牌信息，它当然是很重要的，所以放在首要的位置。

其次是默认软件用户的用户名、密码等填写的区域，可以看到"登录"按钮很大，方便用户轻松地找到。

再次是通过其他的账户方式登录，这两个按钮也很大，目的是让没有注册的用户通过便捷的方式也能使用这个软件。

最后给没有任何一个以上账户的用户提供注册的服务，让他们来注册使用。

可以看到，层次和视觉引导很好地给用户提供了一个流程，由上到下，由简单到复杂。

下面介绍怎么绘制这样一个登录界面。

（1）打开 Photoshop，新建一个画布，"新建"对话框中的参数如图 2-2 所示。

（2）找到一张摄影图片作为画布背景，如图 2-3 所示。这样做的好处是能检查设计在一个有桌面图片的背景下能否清晰地显示，是否较少受背景的影响。这也引出每做一个设计都要考虑用户的使用环境的问题。

图 2-1 登录界面

图 2-2 "新建"对话框中的参数

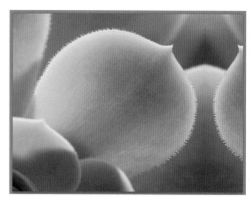
图 2-3 画布背景

（3）使用"圆角矩形工具"绘制一个浅灰色的圆角矩形形状图层。这个圆角矩形将作为软件的基础尺寸。此外设置的尺寸是 300 px×600 px，圆角半径为 6 px，效果如图 2-4 所示。

（4）设置圆角矩形的混合样式，参数如图 2-5 和图 2-6 所示。这样的白色内描边和黑色外发光没有色相，而且它们的对比相当强烈，所以可保证界面不会被使用环境中的任何背景颜色所干扰，如图 2-7 所示。

（5）绘制一个标志图形，使用绿色填充，如图2-8所示。这里作为示例选用了一个文字标志。

（6）设置标志的混合选项，参数如图2-9所示。

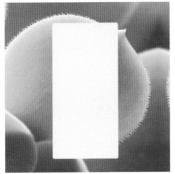

图2-4　圆角矩形效果

图2-5　描边参数

图2-6　外发光参数

图2-7　界面的设计

图2-8　绘制标志图形，用绿色填充

图2-9　标志参数

得到的效果如图2-10所示，塑造出一个向内凹陷的效果。

（7）使用"矩形工具"绘制高为1px的浅灰色线，作为标志和下边内容的分隔线，如图2-11所示。

（8）选中分隔线所在的图层，点击"图层"面板底部的"添加图层蒙版"按钮。

前景色设置为黑色，接着在工具栏中选择"渐变工具"，并在顶部的选项中选择渐变模式为"前景色到透明渐变"和"线性渐变"。图层处理如图2-12所示。

（9）选中刚才创建的图层蒙版（设置渐变后的变化见图2-13），在画布上使用"渐变工具"从左到右拖出一个渐变，再从右往左拖出另一个渐变，得到图2-14所示的效果。由于在图层蒙版内拖出了两个渐变，故画布上分隔线的两端出现渐隐效果。

图 2-10　标志效果

图 2-11　分隔线

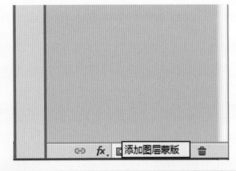

图 2-12　图层处理

图 2-13　图层蒙版设置渐变后的变化

图 2-14　分隔线效果

（10）新建一个图层，使用"渐变工具"在画布顶端绘制一个图 2-15 所示的径向渐变。使用"渐变工具"时顶部的选项中渐变模式一样为"前景色到透明渐变"，此外需要选中"径向渐变"。

（11）移动这个径向渐变图层到画布中间，改变它的大小和高度，如图 2-16 所示。

（12）大小调整到图 2-17 所示的样子，复制出一个一样的图层。垂直翻转上方的那个渐变，如图 2-18 所示。

（13）上面一个渐变使用白色填充，下方的渐变使用与分隔线同样的灰色填充。将这三个元素摆放到一起，注意分隔线在中间，和两个渐变刚好上下衔接，得到图 2-19 所示的效果。这样，一个凸起效果的分隔线便完成了。

（14）在界面右上角绘制最小化、还原、关闭三个按钮，如图 2-20 所示，还要考虑加上动态视觉反馈的效果。

（15）绘制一个圆角矩形，使用灰色填充，设置描边，参数如图 2-21 所示。

图 2-15　在画布顶端绘制径向渐变

图 2-16　移动径向渐变并改变其大小和高度

图 2-17　大小调整结果　　图 2-18　复制渐变并垂直翻转

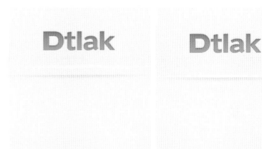

图 2-19　填充渐变颜色并衔接

图 2-20　绘制三个按钮

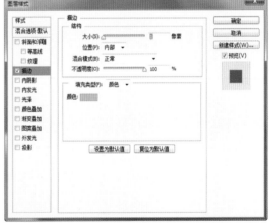

图 2-21　绘制圆角矩形并设置描边

（16）绘制图 2-22 所示的基础形状——两个输入框和　个"登录"按钮，并添加文字，编排出基本的版式。

（17）设置输入框的混合样式，参数如图 2-23 所示，效果如图 2-24 所示。

（18）设置"登录"按钮的混合样式，参数如图 2-25 所示。

按钮效果如图 2-26 所示。

（19）按照第一章讲到的方法绘制复选框，添加复选项和"忘记密码？"的超链接。这样软件已注册用户的登录区域便完成了，如图

图 2-22　绘制基础形状并添加文字

2-27 所示。

（20）绘制其他账户类型的登录入口。绘制两个白色的圆角矩形，如图 2-28 摆放。

  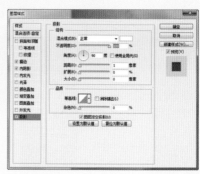

图 2-23　输入框参数

图 2-24　输入框效果　　　　　　　　　　　图 2-25　"登录"按钮参数

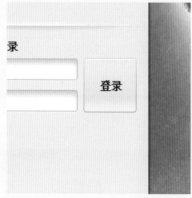  

图 2-26　按钮效果　　　图 2-27　已注册用户的登录区域　　　图 2-28　绘制两个圆角矩形

（21）设置两个按钮的混合选项（见图 2-29），得到图 2-30 所示的效果。

（22）添加图标和文本，如图 2-31 所示。图标可以通过网上搜索素材图片制作。

（23）绘制底部的注册功能入口。绘制一条灰色的线作为和上方内容的区域分隔，如图 2-32 所示。

（24）在底部的位置添加文字超链接，注意水平和垂直居中对齐，如图 2-33 所示。

整个登录界面便完成了，如图2-34所示。

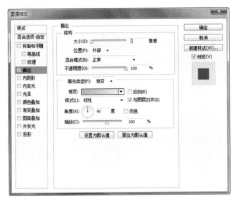

图2-29　两个按钮的混合选项　　　　　　　　　　　图2-30　两个按钮的效果

图2-31　添加图标和文本　　图2-32　绘制区域分隔线　　图2-33　添加文字超链接　　图2-34　登录界面效果

二、消息界面和好友界面

消息界面和好友界面属于即时通信软件的主要界面，界面承载的是消息列表和好友列表。这两个界面功能比较重要，因此设置为前两个标签。用户能很快找到重要的功能，而且可以快速切换常用功能，这就是我们所追求的适合的设计方案。

下面介绍绘制消息界面（见图2-35）和好友界面的步骤。

（1）使用"圆角矩形工具"绘制一个浅灰色的圆角矩形形状图层（见图2-36），矩形尺寸为300 px×600 px，圆角半径为6 px。同样设置白色内描边和黑色外发光效果。

（2）绘制一个白色形状图层，作为顶部功能区，如图2-37所示。

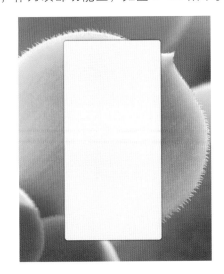

图2-35　消息界面　　　　　图2-36　圆角矩形形状图层　　　　图2-37　绘制顶部功能区

第二章　桌面软件界面设计实例

047

（3）设置白色形状的混合选项，参数如图 2-38 所示。

得到图 2-39 所示的效果。这一部分采用没有色相的灰色渐变来划分功能区域，将存放用户信息、菜单和控制窗口的按钮。

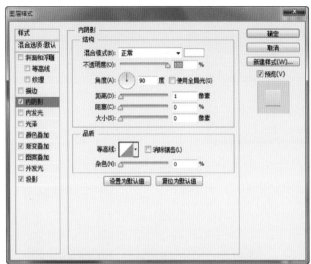
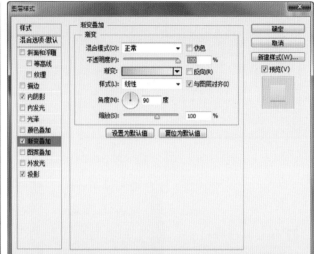

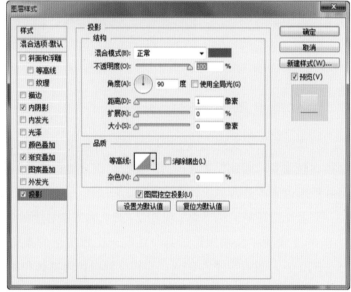

图 2-38　顶部功能区的参数

图 2-39　顶部功能区的效果

（4）同样绘制最小化、还原、关闭窗口按钮（见图 2-40）。上文制作登录界面时已经绘制过，可以直接拖曳图层过来用。

（5）绘制一个正方形作为存放用户头像的区域，注意设置向内 1 px 白色描边。还要添加用户名和个性签名（见图 2-41），注意区分它们、形成对比，用户名采用对比强烈的黑色，个性签名采用低对比度的灰色，同时定义个性签名的最大宽度，当文字超过最大宽度时用省略号表示。

（6）使用一张图片作为头像，放在定义好的头像区域内，如图 2-42 所示。

（7）绘制一个图 2-43 所示的菜单按钮，有向下箭头的指向，代表下方有隐藏的菜单项。将一些相对次要或使用频次没有那么高的功能安放在这里面。

菜单按钮的混合选项参数如图 2-44 所示。

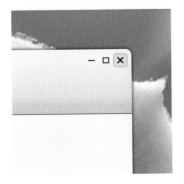

图 2-40　绘制按钮

图 2-41　绘制正方形作为存放用户头像的
区域并添加用户名和个性签名

图 2-42　添加头像

图 2-43　菜单按钮

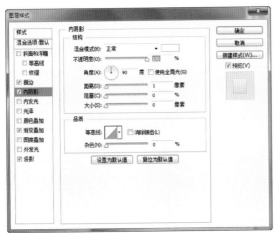

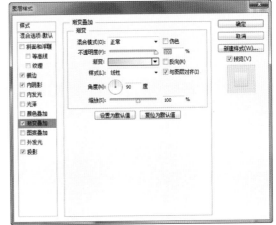

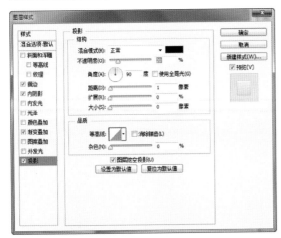

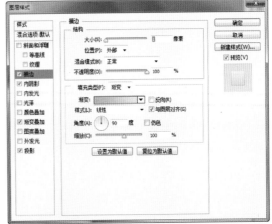

图 2-44　菜单按钮的混合选项参数

图 2-45 绘制绿色矩形

（8）绘制承载主要功能的标签栏。绘制一个宽度为 100 px 的绿色矩形，也就是整个宽度的 1/3，如图 2-45 所示。

（9）设定这个绿色矩形的混合样式，参数如图 2-46 所示。效果如图 2-47 所示。

（10）向左复制出另外两个同样的矩形，排成一行，如图 2-48 所示。

（11）选中左侧第一个矩形，重新定义它的混合样式。因为要把它改变成聚焦状态的标签，所以它的视觉属性必须要异于右边两个标签。第一个矩形的参数如图 2-49 所示。

效果如图 2-50 所示。

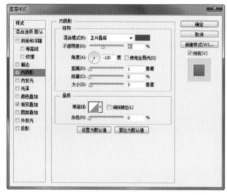
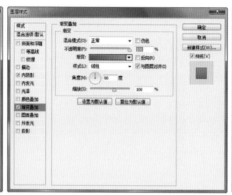

图 2-46 绿色矩形的参数

图 2-47 绿色矩形的效果

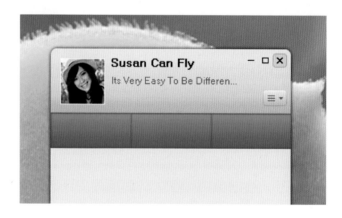

图 2-48 复制出一行矩形

（12）绘制一根宽度为 1 px 的线作为聚焦状态左边沿的高光。颜色和上沿的高光一致，必须精细到每一像素，如图 2-51 所示。

（13）绘制标签栏的图标和文字，如图 2-52 所示。注意聚焦状态的图标和文字是白色的，非聚焦状态的图标和文字是浅灰色的。

（14）前期设定的顶部用户信息区域的底部投影是深灰色的，和绿色系的标签栏衔接不上。选中顶部区域的背景形状，改变投影的颜色为深绿色，色值如图 2-53 所示。

改好以后效果如图 2-54 所示。

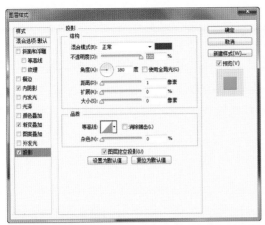

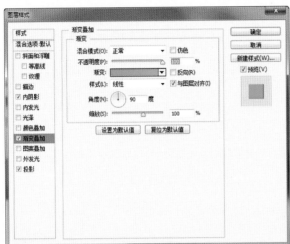

图 2-49 第一个矩形的参数

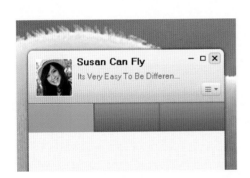

图 2-50 第一个矩形的效果

图 2-51 左边沿的高光和上沿
的高光一致

图 2-52 绘制标签栏的
图标和文字

图 2-53 色值

图 2-54 顶部区域投影颜色
更改后的效果

（15）上部基本完成，下面来定义底部。定义底部的原因是外轮廓是圆角矩形，不利于中间列表区
域内容的显示。绘制一个图 2-55 所示的灰色形状。

设置混合选项，参数如图 2-56 所示。

效果如图 2-57 所示。这样中间的空白区域自然就是列表区域。

（16）创建一个矩形，其高度为消息列表中的一栏的最大高度。该矩形区域用于显示处于选中状态的一栏的信息。在矩形内放置好友的头像、好友的用户名及最后留言的时间、信息，如图 2-58 所示。

（17）用同样的方法呈现其他好友发送的消息，高度和间隔都需要保持一致。最好考虑更全面的情景，例如消息中含有表情图片和消息过长、显示不完全的情况。消息列表信息呈现如图 2-59 所示。

（18）绘制黑色的圆角矩形作为滚动条，填充度调整为 30%，效果如图 2-60 所示。注意，在设定消息列表各栏的最大宽度和时间的位置时，要预留与滚动条的适当间距，避免影响用户阅读。

图 2-55 灰色形状

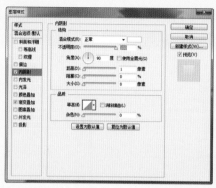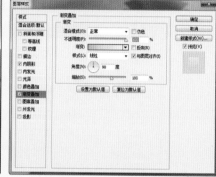

图 2-56 灰色形状的参数

图 2-57 灰色形状的效果　　　　图 2-58 创建矩形并添加选中状态栏的信息　　　　图 2-59 消息列表信息呈现

图 2-60 滚动条绘制、调整及其效果

这样，消息界面便完成了，如图 2-61 所示。

（19）绘制类似但有些差异的好友界面。用上文介绍的方法绘制图 2-62 所示的基础界面。注意当前聚焦状态是"好友"标签。

（20）在标签的下方绘制一个搜索框，用于查找好友。绘制方法和绘制登录界面的输入框是一致的，效果如图 2-63 所示。

（21）创建图 2-64 所示的白色分组标题栏，用以定义好友的不同分组。

图 2-61　消息界面效果　　　图 2-62　好友界面的基础界面　　　图 2-63　搜索框　　　图 2-64　白色分组标题栏

（22）给白色的分组标题栏创建混合样式，让它们看起来是可以点击的按钮。参数及效果如图 2-65 所示。

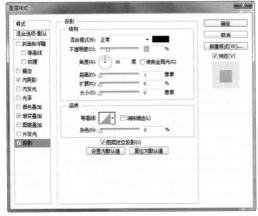

图 2-65　分组标题栏的参数及效果

（23）绘制箭头，表示可以向上折叠列表项内容，如图 2-66 所示。

（24）用同样的方法定义另一分组。定义好分组后的效果如图 2-67 所示。

（25）在各组区域内，创建好友信息，同时设定一个选中状态效果，如图 2-68 所示。

图 2-66　绘制箭头

图 2-67　定义好分组后的效果

图 2-68　创建好友信息并设定
选中状态效果

（26）绘制图 2-69 所示的消息提示，数字为未读消息的数量。这种设计让用户很容易注意到消息的存在，比使用满屏闪烁的头像要优雅一些，把去不去看这些消息的选择权交给用户自己。

（27）同样绘制滚动条，如图 2-70 所示，注意消息提示和滚动条之间的间隔。

完成效果如图 2-71 所示。

（28）设计一个分组折叠后的效果，如图 2-72 中的"家人"分组。注意，此时的箭头是向下的，暗示下面有隐藏的内容。

至此，好友界面绘制完毕。

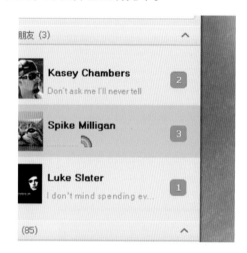

图 2-69　消息提示

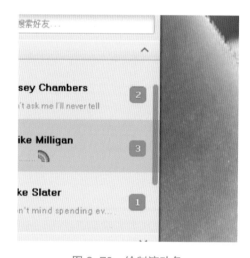

图 2-70　绘制滚动条

图 2-71　消息提示完成效果

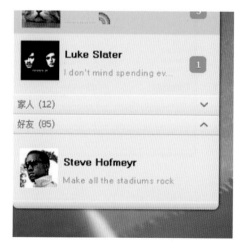

图 2-72　设计分组折叠后的效果

三、对话窗口

对话窗口（见图 2-73）是即时通信软件的核心功能界面。用户与一个好友进行即时对话时，需要有对话记录和时间，需要有编辑消息的输入区域以及其他的功能，例如发送表情和传送文件等。

绘制对话窗口的步骤如下。

（1）使用"圆角矩形工具"绘制一个白色的圆角矩形形状图层，尺寸是 270 px × 526 px，圆角半径为 6 px。同样设置白色内描边和黑色外发光，如图 2-74 所示。

（2）用上文介绍的方法绘制一个好友信息区域，同样绘制三个可改变窗口状态的按钮，如图 2-75 所示。

（3）添加好友信息，包括头像、用户名和个性签名，字体和字号应和其他界面保持一致，如图 2-76 所示。

图 2-73 对话窗口

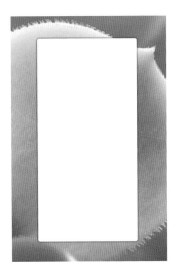

图 2-74 创建圆角矩形形状图层

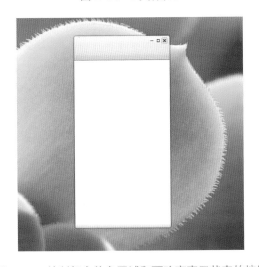

图 2-75 绘制好友信息区域和可改变窗口状态的按钮

图 2-76 添加好友信息

（4）用同样的方法设定底部。这样也就定出了中间的对话区的大体高度。这时还要确定滚动条的位置，好让我们知道对话气泡应该处于什么位置而不被滚动条影响。效果如图 2-77 所示。

（5）创建一个好友的消息对话气泡（见图 2-78）。绘制一个灰色的圆角矩形，添加一段假想的对话记录，确定对话气泡的高度。

（6）使用"钢笔工具"绘制图 2-79 所示的形状，给对话气泡加上一个小尾巴，形状选项选择"交集"。

（7）在这条对话记录的后面添加时间信息（见图 2-80），注意用对比度低的颜色，因为对话本身更重要，这里需要强调时间信息是辅助的信息，是次要的。

由于时间信息占用了一定的宽度，若发现对话的宽度太大，就要向左缩进，调整对话的最大宽度。

（8）选中对话气泡的灰色圆角矩形，设置它的混合选项。参数如图 2-81 所示。

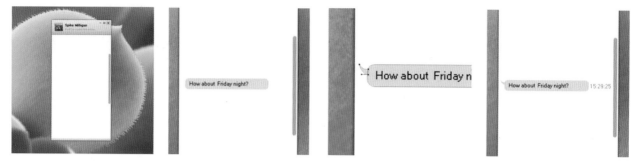

图 2-77　设定底部和滚动条　　图 2-78　创建对话气泡　　图 2-79　给对话气泡加上小尾巴　　图 2-80　添加时间信息

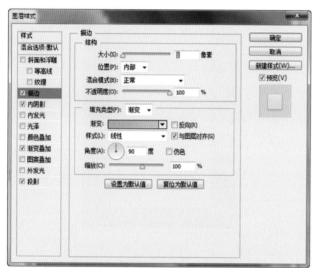
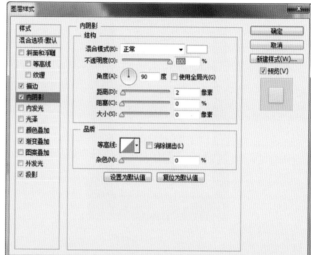
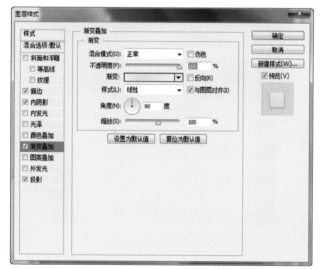
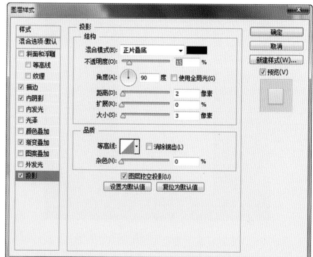

图 2-81　灰色圆角矩形的参数

调整后的对话气泡（见图 2-82），看起来像微微浮起，这个视觉属性更强调了消息本身。

（9）设定用户本身的对话记录样式。为了和好友的对话区别开来，在视觉属性上应当做到差异化明显。所以，绘制一个绿色的对话气泡，方位属性也和好友的对话记录相反，如图 2-83 所示。

（10）同样设置绿色对话气泡的混合选项，参数如图 2-84 所示。

图 2-82　调整后的对话气泡　　　　　　　　　　图 2-83　设定用户本身的对话记录样式

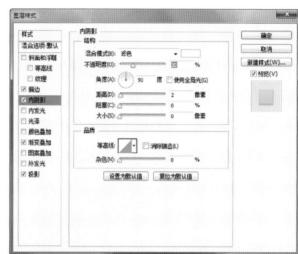

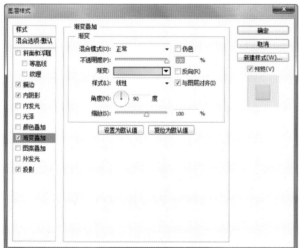

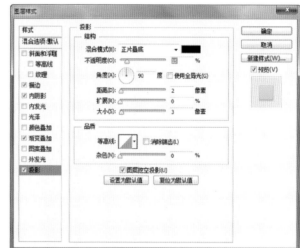

图 2-84　绿色气泡的混合选项

得到的效果如图 2-85 所示，这样使用视觉属性的差异，很好地区分开好友的消息和用户自己的回复。目前，对话记录的基本样式定义完成。

（11）考虑到消息的长度超过定义的最大宽度时存在换行问题，以及用户发送表情的情况，相关设定如图 2-86 所示。

图 2-85　绿色气泡的效果　　　　　　　　　　　　图 2-86　换行及表情设定

（12）设定消息输入区域的高度（绘制细长矩形以分隔），然后调整对话记录在显示区域的真实合理位置，如图 2-87 所示。

（13）定义一个动作栏，如图 2-88 所示，用以放置"发送文件"按钮和"表情"按钮。

（14）给"发送文件"按钮和"表情"按钮创建图标和文字，如图 2-89 所示。动作栏和底部之间的区域自然成为文本输入的区域。

这里并没有设置发送的按钮，原因是按键盘的 Enter 键或按"Ctrl+Enter"键发送消息已经成为一个习惯的用法。当然，假如设计的产品是给没有计算机操作经验的用户使用的，要慎重考虑这一点。

最终完成的对话窗口效果如图 2-90 所示。

图 2-87　设定消息输入区域高度　　　　　　　　　图 2-88　定义动作栏

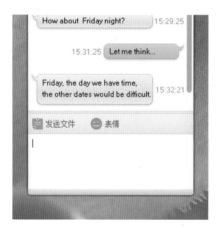

图 2-89　创建动作栏图标和文字　　　　　　　　　图 2-90　最终完成的对话窗口效果

四、系统菜单和个人信息界面

1. 系统菜单

系统菜单放的是一些相对次要或使用频次没有那么高的功能，通过暂时隐藏的办法可使界面整体比较简洁，同时在要使用的时候也应能方便地找到。

绘制系统菜单的步骤如下。

（1）打开之前绘制好的好友界面。

（2）在系统菜单按钮的下方绘制一个图2-91所示的圆角矩形作为下拉列表区域。

图 2-91　绘制下拉列表区域

（3）选中圆角矩形，设置它的混合选项中的"描边"。这次选用一个深灰色作为描边颜色，是要在界面整体和背景之上凸显这个下拉列表区域，如图2-92所示。

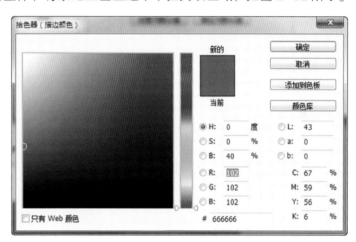

图 2-92　选用深灰色描边以凸显下拉列表区域

得到的效果如图2-93所示。

（4）定义下拉列表中的每一个选项，同时定义一个光标掠过时的动态视觉提示的样式，同样注意与整体风格保持一致，如图2-94所示。

（5）创建系统菜单按钮按下时的状态（见图2-95）。首先选中图标部分，将之前的深灰色调整为黑色；然后选中按钮部分的圆角矩形，改变它的混合选项设置。

图 2-93　描边效果

图 2-94　定义下拉列表中的每一个选项
及光标掠过提示的样式

图 2-95　按钮按下时的状态

参数如图2-96所示，效果如图2-97所示。

系统菜单完成效果如图 2-98 所示。

2. 个人信息界面

点击主界面的用户头像或用户名时常在左侧弹出一个界面来显示个人信息，这个界面就是个人信息界面。绘制个人信息界面的步骤如下。

（1）在用户头像左侧绘制一个图 2-99 所示的白色圆角矩形，同样设置白色内描边和黑色外发光。

（2）绘制一个图 2-100 所示的灰色形状，定义标题栏的高度。

（3）设置标题栏的混合选项（见图 2-101），达到图 2-102 所示的效果。

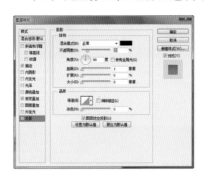

图 2-96　系统菜单按钮的圆角矩形的参数

图 2-97　系统菜单按钮的　　图 2-98　系统菜单完成效果　图 2-99　绘制白色圆角矩形　图 2-100　绘制灰色形状，
　　　　　圆角矩形的效果　　　　　　　　　　　　　　　　　　　　　　　　　　　　　　　　　　　　　定义标题栏的
　　　高度

图 2-101　设置标题栏的选项

图 2-102　标题栏的效果

（4）添加标题和关闭按钮，注意在高度方向上居中，如图 2-103 所示。

（5）方法和之前一样，定义用户头像的大小和位置，定义用户名和个性签名字体、大小和最大宽度，如图 2-104 所示。需要注意的是，此时的用户头像的尺寸较大，因为这是头像的预览界面，同时也是修改头像的地方，需要让用户看到清晰的头像图片。

（6）在用户个性签名的下方创建一个绿色的按钮，定义为"查看个人资料"的入口，如图2-105所示。用户的详细的信息，例如用户名、生日、血型、爱好、联系方式等不常更改的信息将放置在单独的界面。

按钮的混合选项参数如图2-106所示。

（7）绘制一个修改头像的按钮。在头像的底部绘制一个黑色矩形，如图2-107所示。

（8）将黑色矩形的透明度设置为50%，并加上"更换图片"的文字，如图2-108所示。

这便是修改头像的入口，为了不影响美观，应定义这个按钮只在光标掠过头像时才显示。

个人信息界面最终完成效果如图2-109所示。

图2-103　标题和关闭按钮

图2-104　设定头像、用户名和个性签名

图2-105　创建绿色按钮

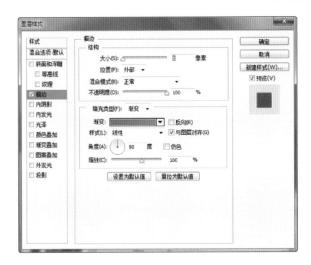

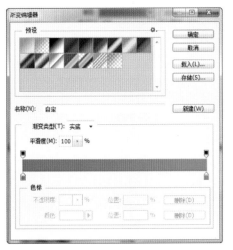

图2-106　按钮的混合选项参数

图2-107　绘制黑色矩形

图2-108　设置黑色矩形透明度并添加"更换图片"文字

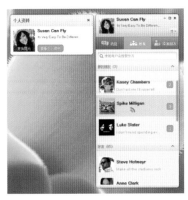

图2-109　个人信息界面最终效果

第二节　在线视频软件界面设计实例

一、视频媒体库界面

一个在线视频软件主要由视频媒体库和播放器组成。在媒体库中有大量的视频资源，用户查找感兴趣的内容观看，或者直接观看程序推荐的内容。所以，视频媒体库的设计需要很好地考虑两个方面，即查找内容的方式和推荐内容的方式。

图 2-110　视频媒体库界面

下面介绍设计制作视频媒体库界面（见图 2-110）的步骤。

（1）打开 Photoshop，新建画布（设置见图 2-111）。命名为 video player。画布大小为 1 280 px × 1 024 px，分辨率为"72 像素 / 英寸"，颜色模式为 "RGB 颜色"。

（2）使用深灰色填充，也可以添加一些杂色创建粗糙的质感。接着给背景图层创建黑色的内投影，效果如图 2-112 所示。

图 2-111　新建画布设置

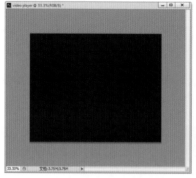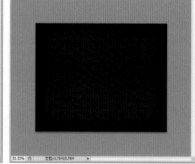

图 2-112　填充深灰色和创建黑色内投影的效果

（3）如图 2-113 所示，在背景上方绘制一个条状矩形，作为标题栏。上面将呈现软件名称和标志、标签选项和窗口状态按钮。

（4）设置这个标题栏的混合选项参数，如图 2-114 所示，要给它增添质感和体积感。

效果如图 2-115 所示。

（5）绘制一个白色矩形（见图 2-116），定义软件主体区域的高度。

（6）将白色矩形的描边设置为黑色（见图 2-117），向内描边，大小为 1 px。

图 2-113　条状矩形

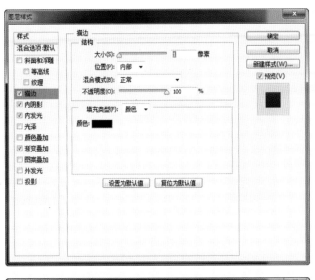
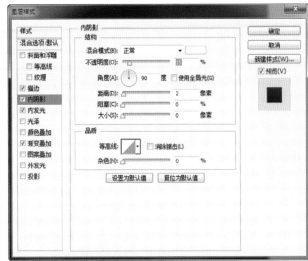
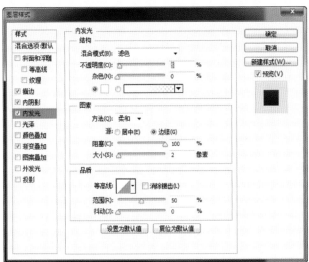
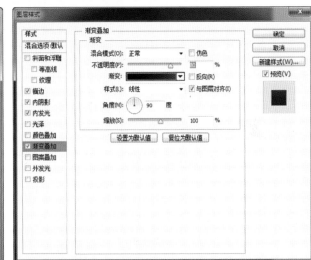

图 2-114 标题栏混合选项参数

图 2-115 标题栏背景效果

图 2-116 白色矩形 图 2-117 描边设置为黑色

（7）在标题栏的左侧添加软件的标志和软件名称，在右侧创建控制窗口状态的三个按钮并用分隔线分隔，如图 2-118 所示。

（8）定义关闭按钮在光标掠过时的动态视觉暗示。用醒目的红色来暗示关闭按钮按下后的结果，其他两个按钮可以用稍亮的灰色。按钮设置如图 2-119 所示。

关闭按钮的红色视觉提示的设置参数如图 2-120 所示。

（9）在标题栏的中间区域绘制一个圆角矩形，定义标签的位置和尺寸，如图 2-121 所示。

图 2-118　添加软件的标志、软件名称及控制窗口状态的按钮　　　　图 2-119　按钮设置

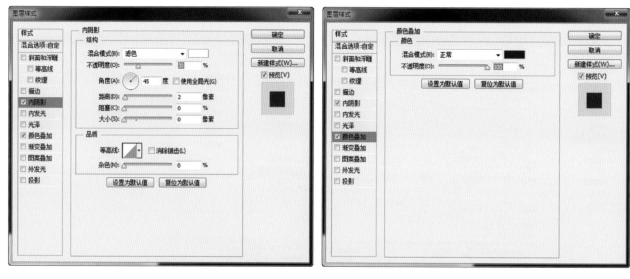

图 2-120　关闭按钮的设置参数

图 2-121　定义标签的位置和尺寸

（10）设置圆角矩形的混合选项参数，如图 2-122 所示。

得到图 2-123 所示的向内凹陷的效果。

（11）绘制一个灰色的圆角矩形（见图 2-124）作为聚焦状态的标签选项，宽度尺寸为标签整体的
1/2，高度要比标签整体上下各缩进 1 px，这使它看起来在凹陷区域的内部。

（12）设置聚焦状态圆角矩形的混合选项参数，如图 2-125 所示。

效果如图 2-126 所示。

（13）添加标签选项的图标和文本，如图 2-127 所示，并添加内投影图层样式。

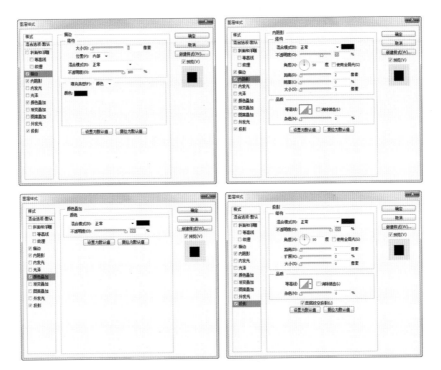

图 2-122　圆角矩形的混合选项参数

图 2-123　标签向内凹陷的效果　　　　　　　　　　图 2-124　绘制灰色圆角矩形

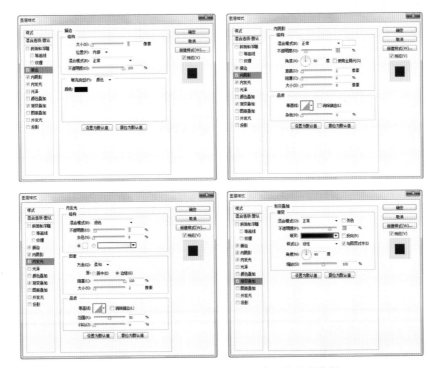

图 2-125　聚焦状态圆角矩形的混合选项参数

图 2-126　聚焦状态圆角矩形效果图

图 2-127　添加图标和文本

（14）选中聚焦状态的图标和文本，创建新的混合选项样式，参数如图 2-128 所示。

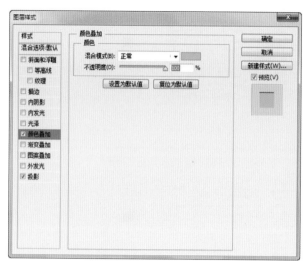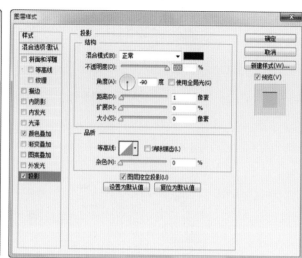

图 2-128　图标和文本参数

得到的效果如图 2-129 所示，用高亮来标志当前的聚焦状态。

（15）在右侧的位置创建一个登录的入口，如图 2-130 所示。

图 2-129　标签效果

图 2-130　创建一个登录的入口

这样标题栏的整体制作完成，效果如图 2-131 所示。

（16）为了方便地分清众多的层次和图层，在"图层"面板新建分组"top"，将所有的标题栏元素图层放置在这个分组内，同时锁定背景图层和主题尺寸图层，以免改动其位置，如图 2-132 所示。在工作时最好养成分组整理的习惯，这将有利于理清层次和提高效率。

（17）绘制视频类型的导航，它是一个标签栏设计，起到了在用户查找内容时为其导航的作用。

紧靠着标题栏下方绘制一个灰色的矩形（见图 2-133），定义分类标签栏的高度。

图 2-131　标题栏　　　　　　　　图 2-132　图层整理　　　　　　　　图 2-133　绘制灰色矩形

（18）设置标签栏的混合选项，如图 2-134 所示。

得到图 2-135 所示的效果。

（19）在右侧定义一个区域，放置搜索框，方便用户使用键盘输入来直接查找感兴趣的内容，如图 2-136 所示。

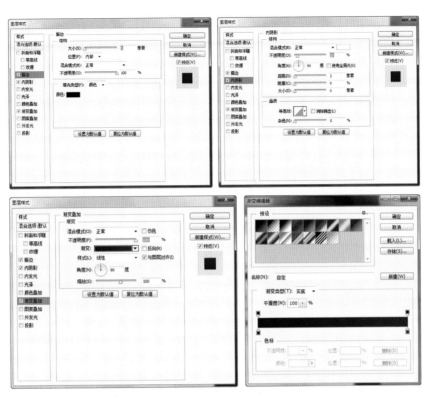

图 2-134　设置标签栏的混合选项

图 2-135　标签栏效果图

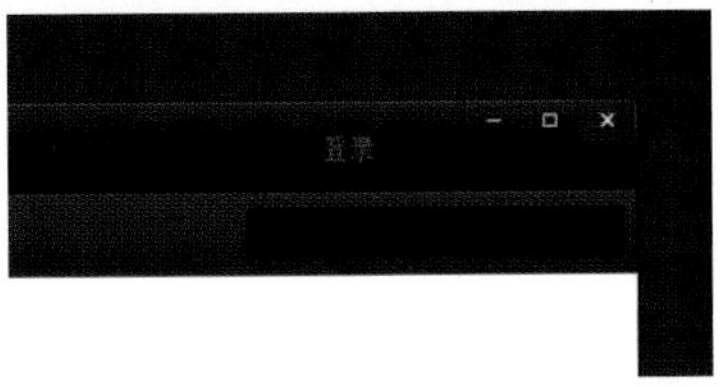

图 2-136　放置搜索框

（20）设置搜索框的混合选项，如图 2-137 所示，让它的视觉属性和标签栏的整体效果保持一致。

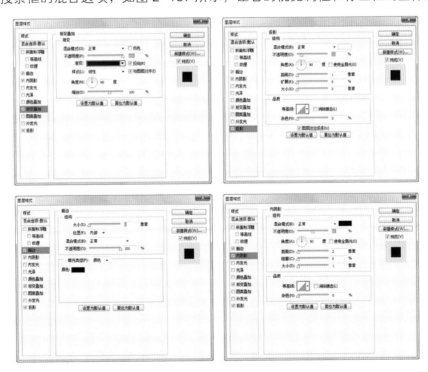

图 2-137　设置搜索框的混合选项

效果如图 2-138 所示，同样创建出凹陷的效果，但是它的视觉属性应从属于标签栏的整体效果，不能比标题栏上的两个标签选项突出。

（21）绘制一个放大镜图形表示这是一个搜索框，如图 2-139 所示。

（22）左侧空出来的宽度就是标签栏的主体区域，创建一些分类标题，等距排列在左侧的空间，如图 2-140 所示。目前来看这个整体，标签栏的层次结构是在标题栏之后的，通过上下位置、对比度、尺寸等视觉属性来区分它们。

（23）同样也需要在标签栏中创建一个聚焦状态标签选项，使用高亮和底部的下画线来表示聚焦状态为"电影"分类，如图 2-141 所示。

（24）创建第三个层次——左侧的分类索引，绘制一个黑色矩形（见图 2-142）来定义其宽度。

图 2-138　搜索框效果

图 2-139　绘制放大镜图形

图 2-140　创建分类标题并等距排列

图 2-141　聚焦状态的"电影"分类

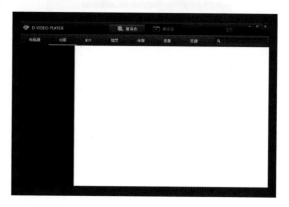

图 2-142　绘制黑色矩形

（25）设置黑色矩形的混合选项，如图 2-143 所示。

（26）定义滚动条的位置，如图 2-144 所示，这方便定义分类索引的最大宽度。

（27）添加一个文本"分类索引"作为标题，如图 2-145 所示。

（28）创建分类索引的分类层级，这实际上是一个树形结构。

首先创建父级的分类（见图 2-146），例如"华语电影""动作电影""科幻电影"等。在左侧绘制更多精简状态的按钮，这样能折叠这一层级，以显示更多的内容。

其次创建父级下面的子集和子集的子集（见图 2-147），同样设置为可以折叠的按钮。这里一共创建了三个层级，第三级已经是精确的内容了。建议在设计时不要超过三个层级，太多的层级会使用户迷失在复杂的路径中，对于用户体验不是好事。注意，不同的层级字体的颜色和大小是有区别的，目的同样是让层次结构清晰。

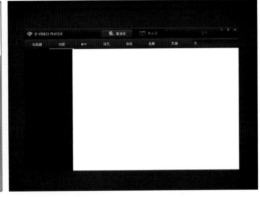

图 2-143　黑色矩形的混合选项及其效果

图 2-144　定义滚动条的位置

图 2-145　添加标题

图 2-146　父级的分类

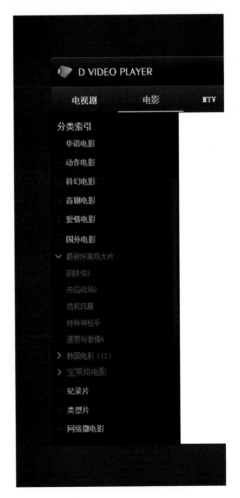

图 2-147　子集和子集的子集

（29）完成左侧分类索引后，设计右侧的推荐内容。设计一个热点内容推荐功能区，把它设计成巨幅海报轮播的形式，来向用户推荐最新最热的内容，在视觉上吸引用户去查看。

绘制一个黑色矩形来定义轮播区的尺寸，如图 2-148 所示。

（30）用一组圆点来进行导航，标明一共有多少张图片，高亮的圆点代表当前看到的图片的位置，如图 2-149 所示。

（31）选择一张电影海报放置在轮播区域，如图 2-150 所示，作为一个样例。轮播区域一定要采用具有强烈视觉效果的图片，视觉效果强烈的图片会引起用户的兴趣，从而使用户与内容交互。

（32）在轮播区的右侧绘制一个向右的箭头作为用户向右翻页查看的按钮，如图 2-151 所示，让用户可以自行翻看所有的轮播图片，而不用等着程序慢慢地播放。

图 2-148　定义轮播区的尺寸

图 2-149　圆点导航

图 2-150　轮播区图片选择

图 2-151　绘制向右翻页查看按钮

（33）同样在左侧也绘制一个向左的按钮，用于向左翻页，如图 2-152 所示。

轮播区完成了，接着设计其他形式的推荐内容。设计成类似章节或专辑的分类，例如"首播影院"和"经典回顾"这样的分类，来向用户推荐其可能感兴趣的内容。

（34）在轮播区下方添加一个文本标题和浅灰色的分隔线，如图 2-153 所示。

（35）在这个分类下添加电影海报缩略图、电影名称和剧情介绍，注意每部电影之间的垂直间距，每部电影的信息要呈块状且分隔开，在块的内部也区分层次，例如电影名称颜色的对比度大，剧情介绍的对比度小，如图 2-154 所示。

（36）使用同样的方法，创建另一个分类的内容（见图 2-155）。由于主题的高度限制，隐藏了一部分内容。

（37）在右侧创建一个滚动条，表明下方还有更多的内容。这样，视频媒体库界面便完成了，最终效果如图 2-156 所示。

图 2-152　向左的按钮

图 2-153　添加文本标题和分隔线

图 2-154　添加块状分隔电影信息

图 2-155　创建另一个分类的内容

图 2-156　视频媒体库界面最终效果

二、视频详情界面

视频详情界面是用户在左侧分类索引中找到精确内容并单击后，在右侧内容区显示详细信息的界面，如图 2-157 所示。

下面以图 2-157 所示的视频详情界面为例，介绍视频详情界面的制作步骤。

（1）打开前文内容中制作好的视频媒体库界面，删除右侧白色区域的推荐内容，保留一个空白的视图。

（2）在某个电影的名称（也就是第三级内容）上绘制一个图 2-158 所示的灰色矩形，来显示聚焦状态。

（3）选中这个矩形，建立蒙版，使用以前介绍过的方法绘制出两端渐隐的效果，如图 2-159 所示。

（4）在视图中添加电影海报缩略图、电影名称标题和电影的介绍信息等，注意字体字号的变化和节奏，如图 2-160 所示。

（5）定义电影简介的最大高度，并设置一个"详细"按钮来隐藏过多的文字信息（见图 2-161），用户可以通过点击"详细"按钮来查看完整信息。

（6）紧靠下方，绘制两个蓝绿色按钮，色相和界面的其他的聚焦状态色相保持一致，如图 2-162 所示。

（7）设置按钮的混合选项，如图 2-163 所示。

图 2-158　绘制灰色矩形

图 2-157　视频详情界面

图 2-159　绘制渐隐的效果

图 2-160　添加电影信息　　　　图 2-161　设置一个"详细"按钮　　　　图 2-162　绘制两个蓝绿色按钮

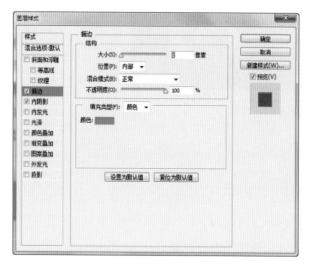

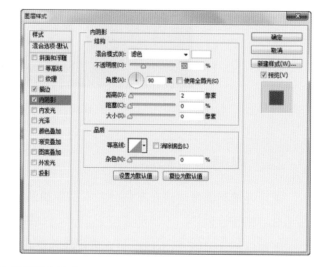

图 2-163　设置按钮的混合选项

得到的效果如图 2-164 所示。

（8）添加按钮上的图标和文本，如图 2-165 所示。

（9）添加影片的评分信息和播放次数信息，创建评分按钮，在视觉属性上使它们成为一组元素，如图 2-166 所示。

（10）在影片评分信息下方创建分享到社交网站的按钮并添加分享次数信息（如图 2-167），注意这些信息整体形成块状，区分于左侧的影片信息。

（11）在下方同样创建其他的推荐内容，让用户有更多的选择的可能。

这样，视频详情界面便完成了，效果如图 2-168 所示。

演，《速度与激情4》中被人害死）的照片出现在镜头里的时候，作
德斯说："你相信有鬼吗？"引出了莱蒂没有死的重要线索，这也

图 2-164　按钮效果

演，《速度与激情4》的照片出现在镜头里的时候，f
德斯说："你相信有鬼吗？"引出了莱蒂没有死的重要线索，这也

图 2-165　添加图标和文本

伊万斯 道恩·强森 米歇　**8.9**分　共859份评分

您的评分：★ ★ ★ ★ ★

总播放量：99,559,312

今日播放：184,101

伊娃·门德斯（《速度与

图 2-166　添加评分、播放次数信息，创建评分按钮

图 2-167　创建按钮并添加分享次数信息

图 2-168　视频详情界面完成效果

三、视频播放器界面

用户在视频详情界面点击播放按钮后，便切换到了视频播放的界面，如图 2-169 所示。此时界面由标题栏、播放列表和视频播放区组成。下面介绍如何绘制视频播放器界面。

（1）复制之前绘制的标题栏，将聚焦状态定义为"播放器"标签选项，如图 2-170 所示。

（2）绘制深灰色矩形定义主体区域的高度，同样给它设置 1 px 向内黑色描边，如图 2-171 所示。

（3）使用分类索引的绘制方法绘制播放列表。这里要增加一个正在播放的状态标志，也就是播放图 2-172 中"第 02 集"的时候要让用户明确地知道这一集是正在播放的状态，将"第 02 集"用蓝色高亮标记。

（4）在左侧绘制一个醒目的播放图标（见图 2-173），强调聚焦状态，原因是看到了第几集是用户

非常关心的信息。

图 2-169　视频播放的界面

图 2-170　聚焦"播放器"标签选项

图 2-171　设置黑色描边

图 2-173　绘制播放图标

图 2-174　绘制黑色的矩形

图 2-175　添加动作按钮的
图标和文本

图 2-172　播放状态

（5）绘制黑色的矩形作为底部动作栏，如图 2-174 所示，透明度调整为 50%。

（6）添加两个动作按钮的图标和文本，如图 2-175 所示。

（7）在右侧视图中绘制一个灰色矩形（见图 2-176）用来定义视频播放区的尺寸，同时灰色矩形下部的区域则作为视频控制的动作栏。

（8）找到一张视频的截图放置在视频播放区域中，作为播放效果的样例，如图 2-177 所示。

（9）在视频播放区顶部绘制半透明的黑色矩形作为信息栏和动作栏，如图 2-178 所示，只有当光标掠过视频画面时这个栏才出现。

（10）添加当前播放视频的信息，并在右侧设置分享按钮和全屏按钮，如图 2-179 所示。

图 2-176　右侧视图中绘制灰色矩形

图 2-177　视频截图

图 2-178 信息栏和动作栏

图 2-179 添加视频信息并设置分享按钮和全屏按钮

（11）在视频播放区域的下部绘制一个黑色矩形作为视频播放动作栏的背景，如图 2-180 所示。

（12）设置黑色矩形的混合选项，如图 2-181 所示。

得到的效果如图 2-182 所示。

（13）绘制一个图 2-183 所示的灰色圆角矩形，作为播放进度条的雏形。

图 2-180 视频播放动作栏的背景

图 2-181 设置黑色矩形的混合选项

图 2-182 视频播放动作栏的背景效果

图 2-183 绘制灰色圆角矩形

（14）设置这个灰色圆角矩形的混合选项，如图 2-184 所示。

得到的效果如图 2-185 所示。

（15）绘制一个蓝色的圆角矩形用来标明已完成的播放进度，如图 2-186 所示。

（16）设置它的混合选项参数，如图 2-187 所示。得到的效果如图 2-188 所示。

（17）在图 2-189 所示的位置绘制一个圆形，作为控制播放进度的滑块。

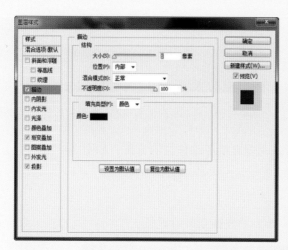
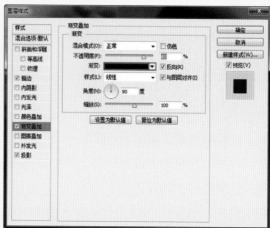

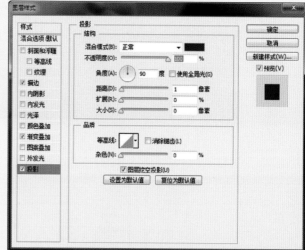

图 2-184　设置灰色圆角矩形的混合选项

图 2-185　灰色圆角矩形效果　　　　　　　　　　图 2-186　绘制蓝色的圆角矩形

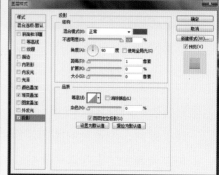

图 2-187　设置蓝色圆角矩形的混合选项参数

图 2-188　蓝色圆角矩形效果

图 2-189　绘制圆形

（18）设置圆形形状图层的混合选项，如图 2-190 所示。

得到的效果如图 2-191 所示。

（19）创建一个对话气泡样式的黑色形状，并添加当前播放的时长信息，如图 2-192 所示。

（20）给黑色对话气泡形状设置混合选项参数，如图 2-193 所示，效果如图 2-194 所示。

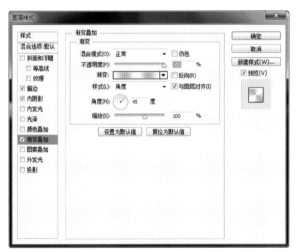

图 2-190　设置圆形形状图层的混合选项

图 2-191　圆形形状效果

图 2-192　创建对话气泡样式黑色形状
并添加播放时长信息

（21）在播放进度条下方左侧添加播放时长信息和总共时长信息，如图 2-195 所示。

（22）在播放控制动作栏的中间位置绘制一个圆形，用以定义播放按钮的位置，如图 2-196 所示。

（23）设置圆形的混合选项参数，如图 2-197 所示，效果如图 2-198 所示。

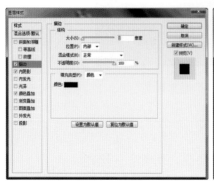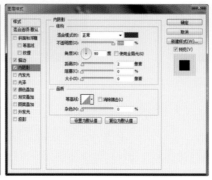

图 2-193　设置黑色对话气泡参数

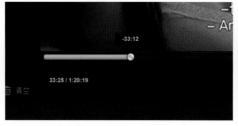

图 2-194　对话气泡效果　　　　图 2-195　添加时长信息　　　　图 2-196　定义播放按钮的位置

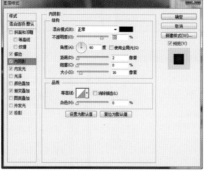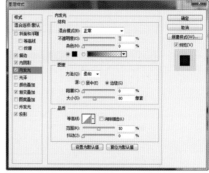

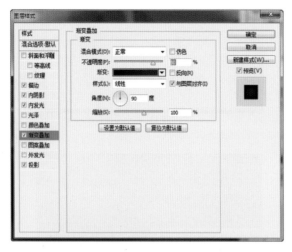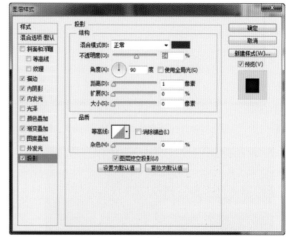

图 2-197　设置圆形的混合选项参数

（24）在刚才的圆形上绘制白色圆形，如图 2-199 所示，以创建圆形按钮的高光。

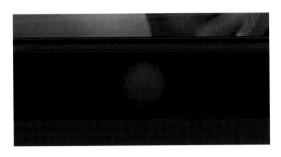

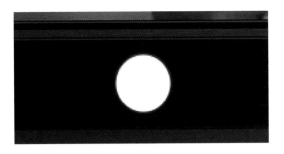

图 2-198　圆形效果　　　　　　　　　　　　　图 2-199　绘制白色圆形

（25）设置白色圆形的混合选项参数，如图 2-200 所示。效果如图 2-201 所示。

（26）绘制一个图 2-202 所示的三角形，作为播放按钮的标志图形。

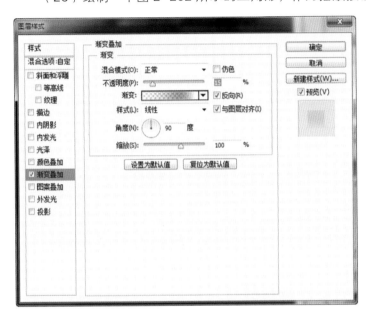

图 2-200　设置白色圆形的混合选项参数

图 2-201　绘制白色圆形后的效果　　　　　　　　图 2-202　绘制三角形

（27）设置三角形图层的混合选项参数，如图 2-203 所示，效果如图 2-204 所示。

（28）在播放按钮左右绘制播放上一个和下一个视频的按钮，并在更左侧绘制停止按钮，如图 2-205 所示。

（29）使用播放进度条的绘制方法同样绘制一个调节音量的滑动条，如图 2-206 所示。

（30）在图 2-207 所示的右下角位置绘制三根斜线，表示可拖曳改变窗体大小的控件。

（31）在播放动作栏右侧空白的区域绘制三个按钮，即高清选项、设置、收起菜单，如图 2-208 所示。

（32）高清选项是一个下拉列表，要定义下拉列表的样式。同样绘制一个对话气泡形状图层，如图 2-209 所示。

（33）设置这个对话气泡形状的混合样式，其设置及效果如图 2-210 所示。

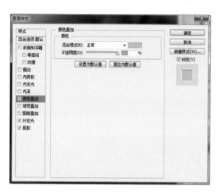

图 2-203　设置三角形图层的混合选项参数

图 2-204　三角形图层效果　　图 2-205　绘制按钮　　图 2-206　绘制调节音量的滑动条

图 2-207　绘制三根斜线　　　　　图 2-208　绘制三个按钮　　　图 2-209　绘制对话气泡

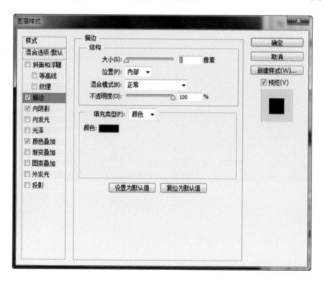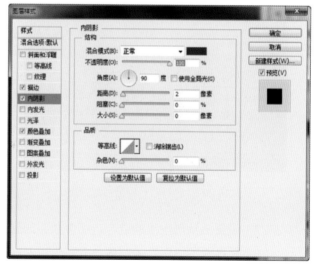

图 2-210　设置对话气泡形状的混合样式及效果

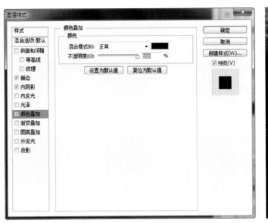

续图 2-210

（34）定义高清选项的文本信息和三个单选按钮的尺寸，如图 2-211 所示。

（35）选中第一个单选按钮的圆形形状图层，设置它的混合选项，定义未选中状态的单选按钮样式。第二个的样式和第一个的一致,可以复制图层样式进行粘贴。未选中状态的按钮样式设置及效果如图2-212所示。

图 2-211　定义高清选项的文本信息和单选按钮的尺寸

图 2-212　未选中状态的按钮样式设置及效果

第二章　桌面软件界面设计实例

081

（36）定义选中状态的单选按钮样式，选中第三个圆形形状，按图2-213所示的参数设置混合选项，效果如图2-213所示。

（37）在第三个单选按钮的中心绘制一个图2-214所示的蓝色圆形，用以标记选中状态。

（38）设置这个蓝色圆形的混合选项，参数及效果如图2-215所示。这样下拉列表便完成了。

（39）视频播放器界面整体完成，最终效果如图2-216所示。

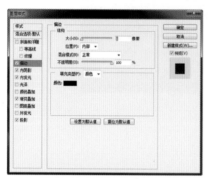

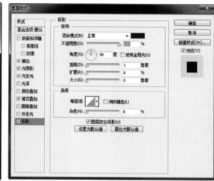

图 2-213　设置第三个圆形形状的混合选项及其效果

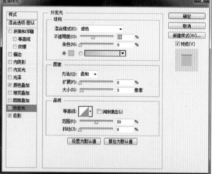

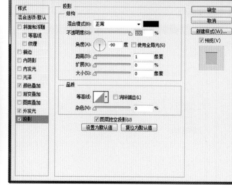

图 2-214　绘制蓝色圆形　　　　　　　　图 2-215　设置蓝色圆形的混合选项及其效果

图 2-216　视频播放器界面最终效果

第三章
移动终端界面设计实例

第一节 电子商务应用

一、皮革质感图标

在设计 UI 时，有一个常用的方法：模仿真实的自然，从而给用户带来操作上的暗喻和指引。目前苹果应用商店里也能看到很多拟物风格的界面设计，这种风格真实细腻，模拟的是用户所熟悉的东西，能降低学习成本。

下面用 Photoshop 制作皮革质感图标，最终效果图如图 3-1 所示。

（1）新建画布（见图 3-2），大小为 800 px×600 px。

（2）新建图层，点选"圆角矩形工具"，在画布上画一个圆角矩形，如图 3-3 所示。

（3）设置图层样式"斜面和浮雕""内阴影"参数，如图 3-4 所示。高光模式颜色值为 #fcffd4，阴影模式颜色值为 #624423。

图 3-1 皮革质感图标最终效果图

图 3-2 新建画布

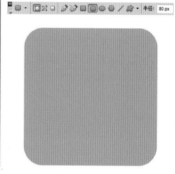

图 3-3 绘制圆角矩形

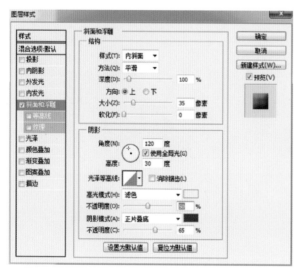

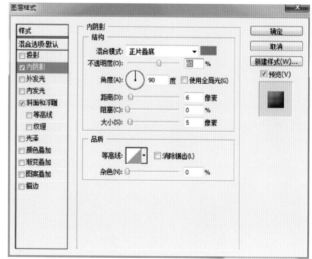

图 3-4 设置参数

（4）找一张皮革素材，拖到制作图标的画布中，选择菜单"图像"—"调整"—"去色"，为皮革素材去色，如图3-5所示。

（5）将去色后的皮革素材图层覆盖到画好的圆角矩形上面，混合模式选择"叠加"，得到图3-6所示的效果。

（6）复制图层2（见图3-7），将图层混合模式改为"色相"，填充度设为25%，设置及效果如图3-8所示。

（7）打开Adobe Illustrator软件，新建一个文档。在空白地方用"矩形工具"画一个矩形，颜色设为浅灰，如图3-9所示。

（8）选择这个矩形，按住Alt键往下拖动，复制出一个相同的矩形，颜色填充为白色（见图3-10）。注意白色矩形的上边线与灰色矩形下边线重合。

（9）点选"直接选择工具"，框选两个矩形右边的节点，并往下拖动，使这个整体变成平行四边形，如图3-11所示。

图3-5　皮革素材去色　　　　　　　　　　　　　图3-6　叠加效果

图3-7　复制图层2　　　　　　　　　　　　图3-8　设置复制出的图层及其效果

图3-9　步骤（7）

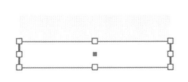 

图3-10　复制出白色矩形　　　　　　　　　图3-11　变成平行四边形

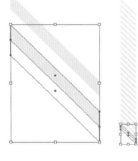

图 3-12　条纹图形

（10）使用"选择工具"选择这组平行四边形，按住 Alt 键，往下拖动复制，注意边线对齐。按"Ctrl+D"键，重复上一步动作，得到一列条纹图形，如图 3-12 所示。

（11）用"圆角矩形工具"绘制一个两端为半圆形的圆角矩形，将它覆盖到条纹图形的上面。用"选择工具"全部选择，单击鼠标右键建立剪切蒙版，如图 3-13 所示。

（12）把 Adobe Illustrator 里画好的图形拖到 Photoshop 里画图标的画布上，自由变换，调整好大小，如图 3-14 所示，这样就得到了一根缝线的雏形。

图 3-13　步骤（11）

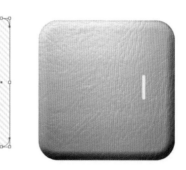

图 3-14　得到缝线的雏形

（13）选择这根缝线所在的图层，打开"图层样式"对话框设置渐变叠加、斜面和浮雕及投影效果，参数如图 3-15 所示，投影的颜色选取接近皮革暗部的颜色。

全部设置好后效果如图 3-16 所示。

（14）选择形状工具中的"椭圆工具"，同时要选中路径选项，如图 3-17 所示。

（15）新建一个图层，在缝线的底端附近绘制一个正圆，按"Ctrl+Shift+Enter"键使其转化为选区，选择菜单"选择"—"修改"—"羽化"（见图 3-18），在弹出的选项中设置羽化值为 2 px，单击"确定"按钮。

（16）选择前景色为深棕色，填充选区，再用形状工具在另一新建图层上画一个月牙形路径，同样转化为选区，如图 3-19 所示。选择菜单"选择"—"修改"—"羽化"，在弹出的选项中设置羽化值为 2 px，并将新建图层用白色填充。

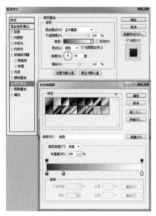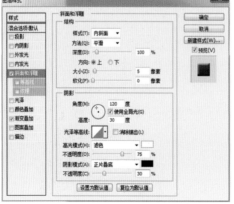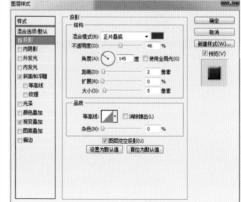

图 3-15　缝线图层参数

（17）用形状工具绘制两个水滴路径，要求一小一大。

按"Ctrl+Shift+Enter"键使其转化为选区，选择菜单"选择"—"修改"—"羽化"，在弹出的选项中设置羽化值为 3 px。新建一个图层，用深棕色填充，将透明度调整为 30%，得到一个浅一点的阴影，效果如图 3-20 所示。

（18）如图 3-21 所示分解阴影。阴影 1 比较深，代表缝线处陷进去比较深的部分；阴影 2 比较浅，主要表现皮革被线勒紧的效果。加上高光和缝线本身，用这 4 个图层才能勾画出一个完整的缝线的效果。

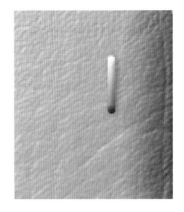

图 3-16　缝线效果

图 3-17　选择"椭圆工具"的同时选中路径选项

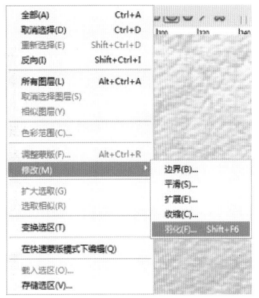

图 3-18　绘制正圆并进行羽化

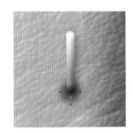

图 3-19　用深棕色填充圆形选区
并绘制月牙形选区

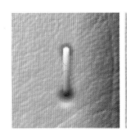

图 3-20　步骤（17）及其效果

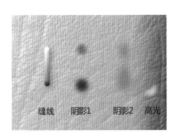

图 3-21　分解阴影

（19）复制这一组缝线为若干组，按图 3-22 所示样式排布。需要注意的是：考虑到光线是从上方照下来，需要将水平方向的缝线的投影方向改为 90°，渐变叠加的方向改为 180°，凹陷处的高光也要相应调整位置。这样才能尽量接近真实。

排布好之后，效果如图 3-23 所示。

这样缝线就处理好了。

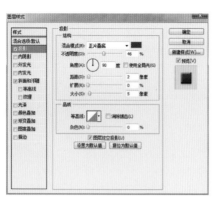

图 3-22　排布样式设置　　　　　　　　　　　　　图 3-23　缝线排布的效果

（20）在"自定形状工具"中找到盾牌的形状，用这个形状在皮革按钮的上方绘制形状图层，如图 3-24 所示。

（21）打开图层样式，设置斜面和浮雕、渐变叠加及描边效果，参数如图 3-25 所示。

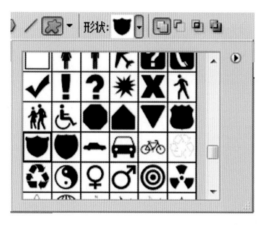

图 3-24　步骤（20）

图 3-25　步骤（21）参数设置

图 3-26　盾牌效果

设定以后得到一个镶嵌在皮革上的黄金质感盾牌，如图 3-26 所示。

（22）在"自定形状工具"中再找到所需的花形纹章形状，用这个形状在黄金盾牌的图层上方绘制一个形状图层，再设置它的图层样式参数，如图 3-27 所示。

设定以后花纹效果就完成了，皮革质感图标也就完成了。也可以选一张背景，将按钮加上投影，放在背景上，完成图 3-1 中的效果。完成图如图 3-28 所示。

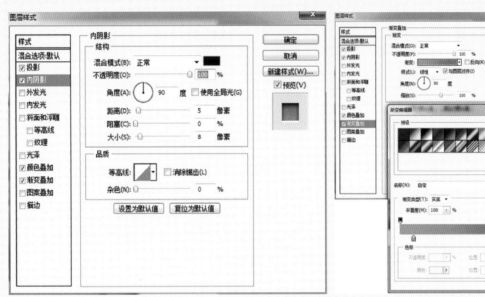

图 3-27 花形纹章样式参数

图 3-28 皮革质感图标完成图

二、标签栏背景和列表背景

下面用 Photoshop 来制作皮革质感的标签栏。标签栏是移动终端界面中常用的元素，用于快速切换几个并列关系的界面内容。

标签栏最终效果图如图 3-29 所示。

可以看到底端的标签栏有四个按钮，三个是默认状态，一个（金色的"促销"图标）为聚焦状态，也就是说看到的内容是属于"促销"这个标签下的内容，标签栏背景和列表背景的制作要点如图 3-30 所示。

制作步骤如下：

（1）新建画布，大小为 640 px×960 px，如图 3-31 所示。

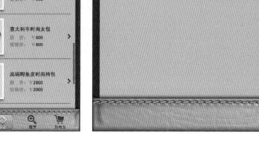

图 3-29　标签栏最终效果图　　图 3-30　标签栏背景和列表背景的制作要点　　图 3-31　新建画布

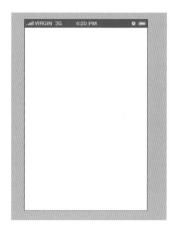

图 3-32　状态栏

（2）在画布顶端画一个 640 px×40 px 的黑色的条，不透明度设置为 60%。这个被称为状态栏（见图 3-32），上面承载运营商、时间、电池电量等信息。新建一个组，命名为"Status bar"，如图 3-33 所示。

（3）在网上或硬盘里找一张木纹的素材，将其颜色调整成类似图 3-34 所示的咖啡色，然后把这个木纹的图层和默认的背景图层选中，合并。这下木纹变成了背景。

（4）新建图层，命名为"TAB BAR 背景"，用"矩形选框工具"画一个 640 px×112 px 的选区，用图 3-35 所示的颜色填充。

得到图 3-36 所示的效果。

图 3-33　新建图层组　　图 3-34　使用木纹素材并调整成咖啡色　　图 3-35　步骤（4）　　图 3-36　步骤（4）效果

（5）把皮革素材裁成 640 px×112 px 大小，把它放在"皮革材质"图层中，置于"TAB BAR 背景"图层上面，选择图层模式为"叠加"，如图 3-37 所示。

得到图 3-38 所示的效果。

（6）将"皮革材质"图层复制一遍，命名为"皮革材质2"，图层模式选择"明度"，填充度选择20%。

图 3-37 步骤（5）　　　　　　　　　　　　　　　　　图 3-38 步骤（5）效果

得到图 3-39 所示的效果。

（7）选择图层"皮革材质2"，分别设置图层混合选项中的投影和渐变叠加参数，如图 3-40 所示。

图 3-39 步骤（6）及其效果

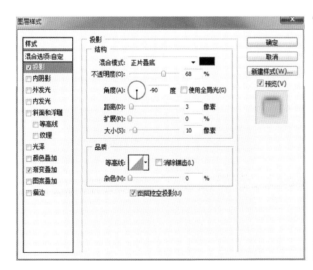

图 3-40 设置"皮革材质2"参数

得到图 3-41 所示的效果。

（8）新建一个图层，命名为"缝线"，绘制一根水平但略微倾斜的缝线，如图 3-42 所示。

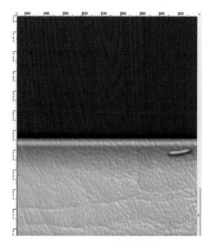

图 3-41　步骤（7）效果　　　　　　　　　图 3-42　新建"缝线"图层并绘制缝线

（9）复制"缝线"图层，命名为"缝线2"，画布上呈现两根缝线，如图3-43所示。

（10）新建一个组，命名为"缝线"，并把刚才的两个图层放到这个组里，如图3-44所示，这样方便整理图层和画布里的元素。

（11）在"缝线"组中新建图层，命名为"阴影"，绘制一个阴影，放置在两根缝线之间，图层顺序为置于该组的最下，如图3-45所示。

（12）在"缝线"组中新建图层，命名为"高光"，放置在"阴影"图层的上面，绘制一个高光，如图3-46所示。

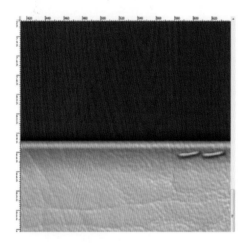

图 3-43　复制出"缝线2"图层　　　　　　　　　图 3-44　"缝线"组

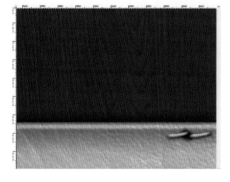
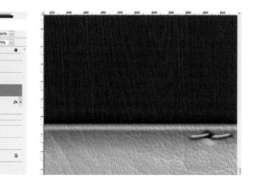

图 3-45　新建图层，绘制阴影　　　　　　　　图 3-46　绘制高光

（13）用同样的方法绘制最右端的阴影和高光（见图3-47）。注意，最右端的情况是特殊的，阴影和高光整体近似圆形。

得到图 3-48 所示的效果。这样得到了由两根缝线组成的一组线。

分解如图 3-49 所示。

（14）保留原始的"缝线"组不动，复制一组新的缝线，用这组新缝线不断地复制，形成一长条缝线，并将它们合并为一个图层，效果如图 3-50 所示。完整的缝线图层命名为"缝线副本 2 合并图层"。

（15）用"矩形选框工具"画一个图 3-51 所示大小的选区。选择深咖啡色作为前景色，然后选择"渐变工具"，模式设为前景色到透明的线性渐变。

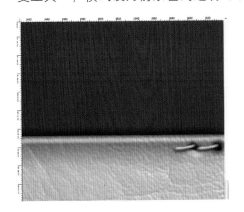 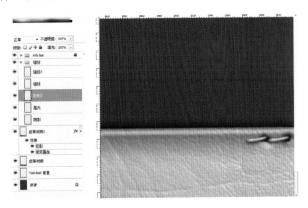

图 3-47　绘制最右端的阴影和高光

图 3-48　缝线效果

图 3-49　分解

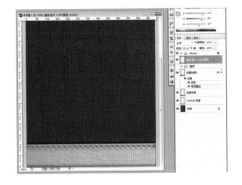

图 3-50　完整的缝线效果

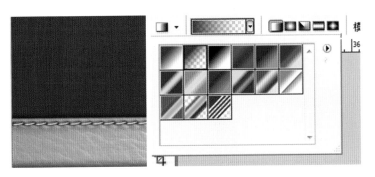

图 3-51　步骤（15）

（16）新建一个图层，按住 Shift 键，从左往右用"渐变工具"拉出一个渐变，复制这个图层，执行操作"编辑"—"变换"—"水平翻转"，见图 3-52。

（17）将变换后的图层移到另一侧，效果如图 3-53 所示。同时将这两个渐变图层合并，命名为"厚度"。

（18）选择"钢笔工具"，选项设置如图 3-54 所示。

（19）用"钢笔工具"绘制图 3-55 所示的一个封闭路径，并将其转化为选区。

（20）使用菜单命令"选择"—"修改"—"羽化"，在弹出的窗口填写羽化值为6 px；新建图层，命名为"凸起阴影"，如图3-56所示。

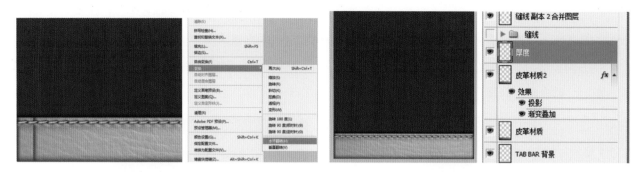

图3-52　步骤（16）　　　　　　　　　　　图3-53　步骤（17）

图3-54　"钢笔工具"选项

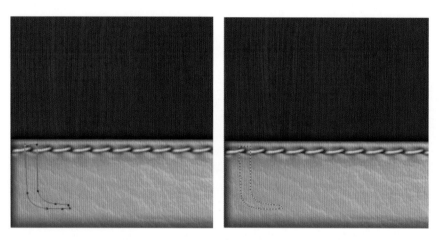

图3-55　绘制封闭路径并转化为选区

图3-56　步骤（20）

（21）用深咖啡色填充选区，并将图层模式改为"正片叠底"，填充度改为50%。得到图3-57所示效果。

（22）用"钢笔工具"绘制图3-58所示的另一个封闭路径，并将其转化为选区。使用菜单命令"选择"—"修改"—"羽化"，在弹出的窗口填写羽化值为4 px。新建图层，命名为"凸起高光"。

（23）选择白色进行填充，将图层模式改为"滤色"，不透明度改为30%，得到图3-59所示的效果。

（24）将画好的凸起阴影和凸起高光图层复制一份，如图3-60所示。

（25）选择这两个副本图层，执行菜单操作"编辑"—"变换"—"水平翻转"，并将其摆放到右侧，效果如图 3-61 所示。

（26）用"橡皮擦工具"略微抹掉一些锐利的地方，使画面看起来更柔和，如图 3-62 所示。

（27）选择形状工具中的"矩形工具"，选项设置如图 3-63 所示。

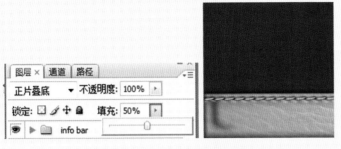

图 3-57 步骤（21）及其效果

图 3-58 另一个封闭路径

图 3-59 凸起高光的设置及效果

图 3-60 复制凸起阴影与凸起高光

图 3-61 步骤（25）效果

图 3-62 使画面看起来更柔和

图 3-63 "矩形工具"选项设置

（28）在背景图层之上，画出一个矩形的形状图层，如图 3-64 所示。

（29）设置它的混合选项，参数如图 3-65 所示。

得到图 3-66 所示的效果，看起来像是一张牛皮纸插在皮质的口袋里。这样标签栏背景和列表背景就完成了。

图 3-64 绘制矩形

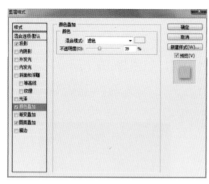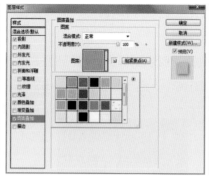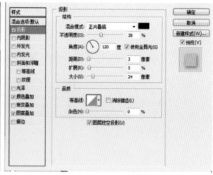

图 3-65　矩形的参数

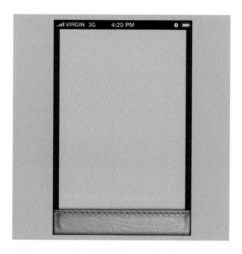

图 3-66　标签栏背景和列表背景的效果

三、标签栏图标和列表内容

下面用 Photoshop 来绘制标签栏图标和列表内容。局部效果如图 3-67 所示。

（1）选择形状工具中的"圆角矩形工具"，圆角半径设置为 8 px。选项设置如图 3-68 所示。

（2）在标签栏图层的上方绘制图 3-69 所示大小的圆角矩形。

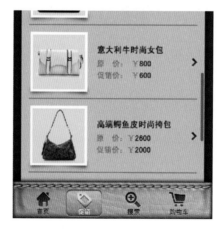

图 3-67　局部效果

图 3-68　"圆角矩形工具"选项设置

（3）选择形状工具中的"矩形工具"，注意，形状的模式选择"从形状区域减去"。选项设置如图3-70所示。

（4）在圆角矩形之上绘制一个矩形，这时看到新绘制的矩形正是从原来的形状上减去的一部分。接着，依旧选择"圆角矩形工具"，选择"添加到形状区域"选项，在旁边再绘制一个圆角矩形，见图3-71。

（5）使用"直接选择工具"框选右边的这个圆角矩形，自由变换使它旋转45°，然后用"钢笔工具"中的"删除锚点工具"减去它一个角的两个锚点，使之变成一个圆角三角形，如图3-72所示。接着继续使用"直接选择工具"框选这个圆角三角形，将其挪动到左边的圆角矩形之上，这样得到了一个小房子的基本形状。

（6）选择"钢笔工具"，形状的模式选择"添加到形状区域"，如图3-73所示。

图3-70 "矩形工具"选项设置

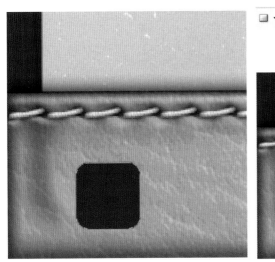

图3-69 绘制圆角矩形

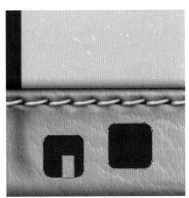

图3-71 绘制矩形后再绘制一个圆角矩形

图3-72 步骤（5）

图3-73 选择"添加到形状区域"

（7）在小房子右上方用"钢笔工具"绘制一个小烟囱，这时一个房子的图标就基本完成了。可以用"直接选择工具"选择锚点来进行调整，从图3-74中可以看到调整了门的大小和烟囱的大小。

（8）选择整个小房子，设置图层混合选项，如图3-75所示。

（9）设置渐变叠加，如图 3-76 所示。

设置好后效果如图 3-77 所示，可再适当调整下房子的大小和位置。

（10）依次类推画好其他的三个图标并添加文本，如图 3-78 所示。注意将选中标签栏文本设置为聚焦状态。

图 3-74　调整

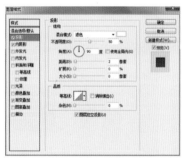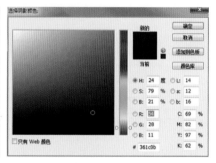

图 3-75　设置图层混合选项

图 3-76　渐变叠加设置

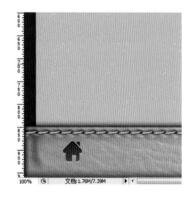

图 3-77　房子图标效果　　　　　　　　　图 3-78　画好四个图标并添加文本

（11）选择形状工具中的"圆角矩形工具"，圆角半径设置为 16 px。选项设置如图 3-79 所示。

图 3-79　"圆角矩形工具"选项设置

（12）在第二个图标"促销"的图层下方，绘制一个圆角矩形的形状图层，如图 3-80 所示。

（13）选择圆角矩形图层，设置图层混合选项，如图 3-81 所示。

图 3-80　为"促销"图标绘制圆角矩形

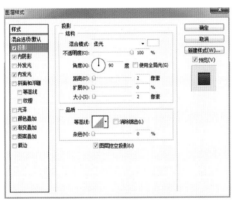

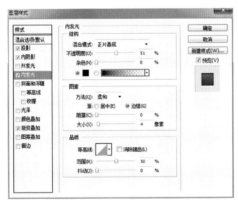
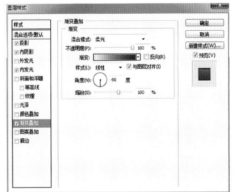

图 3-81　设置圆角矩形图层混合选项

设置好后效果如图 3-82 所示。

（14）将图层模式改为"滤色"，填充度改为 0%，如图 3-83 所示。

（15）选择"促销图标"图层，设置图层混合选项，如图 3-84 所示。

这样"促销"图标调整为金色，和底下的圆角矩形一起形成了这个标签的聚焦状态，如图 3-85 所示。

（16）完成界面上方的导航栏制作。导航栏的制作可以借鉴标签栏的制作方法，区别是没有缝线及投影厚度等的设置。

图 3-82　圆角矩形效果

图 3-83　图层设置

接着制作一点细节，就是导航栏下的纸张撕边效果。可以找张纸先撕一撕，用"钢笔工具"照着撕出的纸的轮廓勾画一个撕边效果的路径，然后将路径转化为选区，用白色填充，如图 3-86 所示。

（17）设置这个撕边效果图层的混合选项，如图 3-87 所示。

设置好后的效果如图 3-88 所示。

（18）用同样的方法，在这个撕边效果图层底下再绘制另一张纸的撕边效果。效果如图 3-89 所示。

（19）添加列表上的内容，包括商品图片、商品的文字标题、价格、分隔线等。注意商品图片的投影要单独处理。

这样，一个完整的电子商务应用的标签栏图标和列表内容就完成了，如图 3-90 所示。

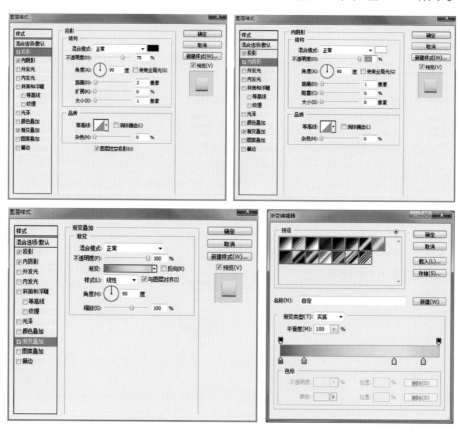

图 3-84　设置"促销图标"图层混合选项

图 3-85　"促销"标签的聚焦状态

图 3-86　制作导航栏及其细节

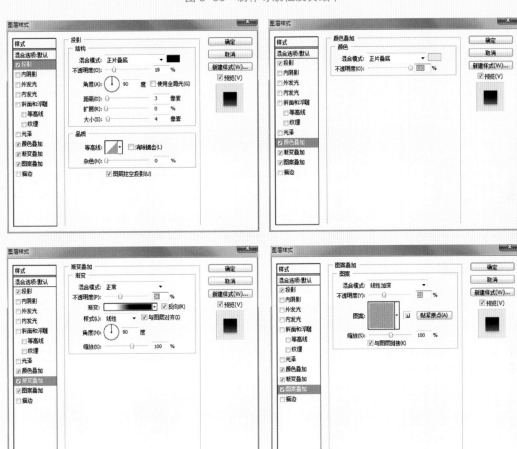

图 3-87　撕边效果图层的混合选项

图 3-88　撕边效果　　　　　　图 3-89　添加撕边效果　　　　图 3-90　最终效果

第二节 汽车行业应用

下文介绍如何用 Adobe Illustrator 和 Adobe Photoshop 制作金属质感图标和界面。

金属质感能够传达现代工业成就的科技感。在汽车产品和数码产品的工业设计中，具有金属质感的设计和细节打造，代表的是当今科技的精湛和技术之美。同时，常用金属制品如不锈钢、铝合金等带给人们的视觉感受就是严谨、质量可靠和历久弥新。当今很多的 UI 设计中为了满足客户传达领先科技感和优质感的诉求，都使用了金属质感作为界面的元素，如 Apple 公司产品中的 iCloud 图标等。

一、绘制金属质感底座

图 3-91 金属质感底座

绘制一个金属质感底座（见图 3-91）的步骤如下。

（1）新建画布，尺寸为 1 024 px×768 px，如图 3-92 所示。

（2）建好画布后，点选工具栏中"圆角矩形工具"，在画布上点击鼠标左键，会出现一个对话框，在其中输入图 3-93 所示的数值，得到一个圆角矩形，大小为 114 px×114 px，圆角半径为 16 px。

（3）打开"颜色"面板，可以看到当前是 RGB 颜色模式。点右上角的小箭头会出现一个下拉列表，选择 HSB 颜色模式，如图 3-94 所示。

图 3-92 新建画布

图 3-93 步骤（2）

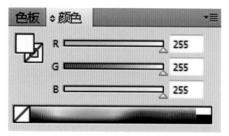

图 3-94 选择 HSB 颜色模式

为什么使用这种颜色模式呢？原因是：在这种模式下，选取一个色相，对颜色的明度和饱和度进行微调比较方便，适合本例中诸多微妙细节的打造。

（4）用"选择工具"选中这个圆角矩形，在顶部的设置中将宽和高都改为 512 px。

再在"颜色"面板中点选白色，将其明度改为 60%，就得到大小为 512 px×512 px 的圆角矩形，如图 3-95 所示。

（5）选择"渐变"面板，渐变类型选为"线性"，为黑白渐变。接着在渐变条上添加一些白色、黑色、深灰色色标来打造出金属的光感（见图 3-96）。

这里要介绍一下绘画中素描的概念。素描中为了体现物体的立体感要描绘出亮面、暗面、明暗交界线、高光和反光，为了体现物体的质感对高光和反光及环境色要进行特殊处理。以金属为例，它的高光是很强烈的白色，由于表面光滑，反光也较一般的物体更为强烈，对于周围的物体的反光可以说会像镜子一样反射，所以本例此处暂时调出这样黑白对比分明的颜色来塑造金属反光的特性。

（6）添加颜色的变化，如图 3-97 所示。可以看到这时候整体的颜色变暗了，原因是绘制的这个面在成稿中是一个背光的面，当然不能超出亮面的亮度。但是由于是金属的质感，它的对比和反光仍然必须强烈。

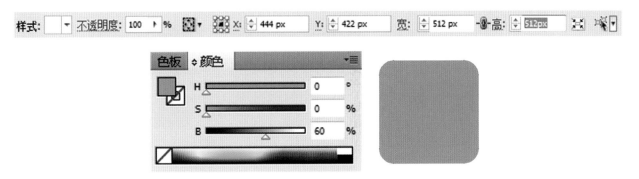

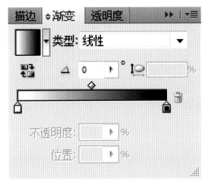

图 3-95　圆角矩形设置

图 3-96　打造金属光感

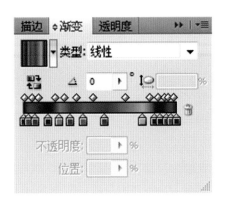

图 3-97　添加颜色的变化

（7）选择工具栏里的"直接选择工具"，选中画好的圆角渐变矩形。按"Ctrl+C"键复制，按"Ctrl+F"键在它的上方复制出新的形状（按"Ctrl+C"键复制，按"Ctrl+F"键贴在上面，这一组功能快捷键很实用，后面的制作过程将大量用到这组快捷键；同样还有一个按"Ctrl+C"键复制、按"Ctrl+B"键贴在后面的功能组合，可以灵活运用）。选中上面的圆角矩形，点击"颜色"面板随便选择一种灰色用于区分它们两个圆角矩形。再用"直接选择工具"按住 Shift 键，选中灰色圆角矩形下方的四个锚点。按住鼠标左键并往上拖动，得到图 3-98 所示的效果。

（8）打开"渐变"面板，给上面的圆角矩形设置图 3-99 所示的渐变，记住令颜色整体比较亮。

（9）选中画好的圆角矩形，按"Ctrl+C"键复制，按"Ctrl+F"键两次，在它的上方复制出两个一样的形状。为了理解方便把它们暂时分开显示，如图 3-100 所示。其实三个同样的形状是叠加在一起的。最底下一个需要保留，上面复制出的两个将另有用处。

接下来选择顶层的一个，将它稍微放大一点，面积稍稍盖住第二层为好，按住 Shift 键用鼠标往上拖动一点，如图 3-101 所示。接着选中顶层和第二层的两个形状，如图 3-102 所示。

图 3-98　步骤（7）

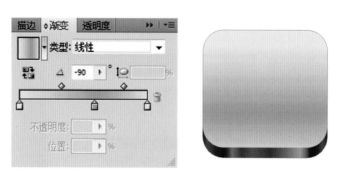

图 3-99　设置渐变

图 3-100　分开显示　　　　图 3-101　往上拖动一点　　　　图 3-102　选中两个形状

（10）打开路径查找器，快捷键是"Ctrl+Shift+F9"，可以在"窗口"菜单中找到它。这时候选择形状模式中的第二项"减去顶层"，得到图 3-103 所示的效果。

（11）打开"渐变"面板，给新绘制的形状设置图 3-104 所示的渐变。制作出的是高光效果，选取的是最亮的白色，色标左右两侧的灰色则是通过按住 Shift 键选取它附近的灰色设置的。

（12）选中亮面的圆角矩形。按"Ctrl+C"键复制，按"Ctrl+F"键贴在上方。按住"Shift+Alt"键拖动鼠标，让它在中心位置同比缩小并将其颜色设置为黑色。用同样方法复制出一个黑色形状，同比缩小一点点，颜色设置为深灰色，制作出金属盒子效果，如图 3-105 所示。

（13）选中深灰色圆角矩形上方的四个锚点，往下拖动，拖动的距离参照图标的暗面高度需要。设置它的颜色，如图 3-106 所示。

图 3-103　步骤（10）及其效果

图 3-104　渐变设置

图 3-105　步骤（12）

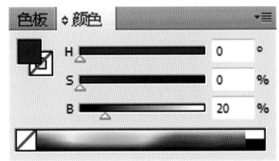

图 3-106　步骤（13）

（14）点选工具栏中的"椭圆工具"，在画布上点击鼠标左键，会出现一个对话框，输入图 3-107 所示的数值，得到一个圆形，直径为 18 px，如图 3-107 所示。

（15）选中圆形，按"Ctrl+C"键复制，按"Ctrl+F"键贴在上方。按住 Shift 键拖动鼠标，让它同比缩小，并将其颜色设置为灰色。将其挪动到图 3-108 所示的位置，绘制一个凹陷的圆洞效果。选择这两个圆形，再点击鼠标右键为其编组，如图 3-108 所示。

（16）在菜单"视图"中确保"智能参考线"这个选项打了钩，如图 3-109 所示。用"矩形工具"绘制一个 24 px×24 px 的矩形，并将它移动到一边紧贴圆形的位置，如图 3-110 所示。

（17）移好后，选中圆形的群组，按住"Shift+Alt"键，用鼠标向右拖动复制出一组圆形，圆形的左边和矩形的右边也要紧贴对齐，如图 3-111 所示。

图 3-107　步骤（14）

图 3-108　步骤（15）

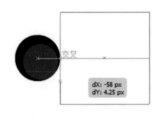

图 3-110　移动矩形至紧贴圆形的位置

图 3-109　已勾选"智能参考线"　　　　图 3-111　复制出一组圆形

（18）按快捷键"Ctrl+D"重复上一步动作，在圆形的右侧按同样的距离复制出另一组圆形。继续按快捷键"Ctrl+D"几次，得到足够长的一组圆点。移开作为标尺的矩形，选中所有的圆点，单击鼠标右键为其编组，如图 3-112 所示。

（19）把刚才用作标尺的小矩形置于一行圆点的下端，在矩形下方等距地复制出一组圆点，接着按

"Ctrl+D"键复制出一片圆点，如图 3-113 所示。

（20）将圆点全部选中，并编组。接着用"旋转工具"并按住 Shift 键将这片圆点旋转 45°，如图 3-114 所示。

（21）将这一组圆点移动到画好的金属盒子之上，注意盒子内部深灰色部分圆点的排布，需要让每一个圆点都是完整的，不要有被裁切的情况。选择深灰色的图形，按"Ctrl+C"键复制，按"Ctrl+F"键贴在上方。接着按"Ctrl+Shift+】"键，将其置于所有图形的顶层，如图 3-115 所示。

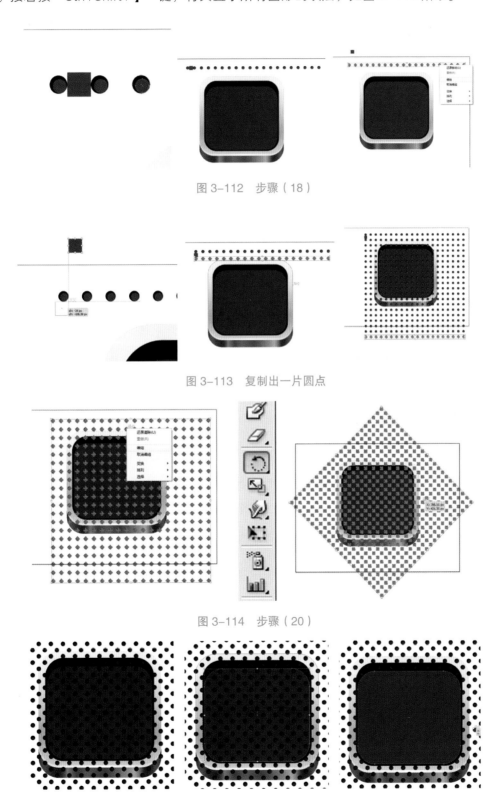

图 3-112　步骤（18）

图 3-113　复制出一片圆点

图 3-114　步骤（20）

图 3-115　步骤（21）

（22）在金属盒子的暗面部分绘制一个圆形，接着用渐变色填充，参数如图3-116所示。

（23）在刚才的圆形之上再绘制一个圆形，接着用绿色系的颜色渐变填充，如图3-117所示。

得到图3-118所示的效果。这时选中所有画好的部分，单击鼠标右键编组。

（24）复制出一个背光面的圆角矩形，将颜色设置为黑色，不透明度设为40%。接着按"Ctrl+Shift+【"，将其置于所有图形的底层，利用其绘制阴影。将它的位置移动到金属盒子的正下方且露出一点点，如图3-119所示。

（25）复制出另一个用于绘制阴影的圆角矩形，将颜色设置为黑色，不透明度设为5%。将它的位置再往下移动一些。点击菜单"对象"—"混合"—"混合选项"，在弹出的窗口中设置间距方式为"指定的步数"，数值设置为"15"。处理如图3-120所示。

图3-116 绘制圆形并设置渐变参数

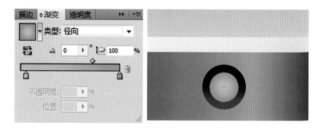
图3-117 绘制较小圆形并进行渐变填充

图3-118 对所得效果中所有部分编组

图3-119 绘制阴影

图3-120 步骤（25）

（26）选中这两个用于绘制阴影的图形，按"Ctrl+Alt+B"键，创建混合模式。可以看到，它们自动创建了一个渐变的投影。

到此，金属质感底座便完成了。

二、绘制金属钳子

绘制一个金属钳子，最终效果如图3-121所示。

（1）图层1是金属质感底座的图层。新建一个图层2，用"矩形工具"绘制一个图3-122所示的矩形。用"添加锚点工具"在矩形上添加一些锚点。

（2）调整这些锚点，直到形状变为图3-123所示的那样。这是要绘制的钳子的雏形。接着绘制一个圆形，放置在图3-124所示的位置，这是钳子可以转动的轴。

（3）绘制一个图3-125所示的三角形，作为钳子的一个侧面。接着将钳子的左半部设置为渐变填充，参数如图3-126所示。填充后效果如图3-127所示。

（4）将钳子的侧面的三角形设置为渐变填充，参数如图3-128所示。

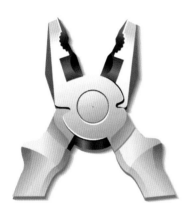

图3-121　金属钳子

图3-122　步骤（1）

图3-123　调整锚点

图3-124　轴

图3-125　绘制三角形

图3-126　渐变填充参数

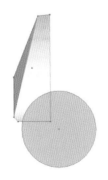

图3-127　填充后效果

图3-128　侧面渐变填充参数及其效果

（5）绘制钳子夹东西的时候增加摩擦力的锯齿。在旁边的空白处绘制一个圆，在这个圆的顶端再绘制一个小圆（见图3-129）。

（6）选中顶端的小圆形，点击选中工具栏中的"旋转工具"。鼠标光标移动到大圆的圆心附近，看到有中心点的提示后，在这个位置按住Alt键单击，会弹出一个窗口，在角度数值框中填写"20"，如图3-130所示，然后单击"复制"按钮。这一步操作以后会经常用到，目的是以按住Alt键单击定义的圆心为旋转中心来旋转复制图形。

单击"复制"按钮后，小圆以大圆的圆心为中心旋转了20°，并复制出了一个小圆。接着按"Ctrl+D"键重复上一步动作，直到小圆环绕大圆一圈，如图3-131所示。

（7）用"钢笔工具"在两个小圆之间绘制一个图3-132所示的图形，目的是让锯齿小圆过渡柔和。像上一步操作一样也是旋转复制20°，按"Ctrl+D"键重复上一步动作，直到环绕大圆一圈。

（8）选中所有的锯齿图形，在"路径查找器"面板点选形状模式的第一个模式"联集"。这样锯齿图形便变成一个复合路径。将齿轮圆形稍微压缩一下，放置在钳口，如图3-133所示。

图3-129　绘制圆和小圆

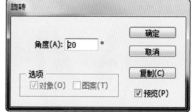

图3-130　选中小圆并设置旋转复制参数

图3-131　小圆环绕大圆一圈

图3-132　让锯齿小圆过渡柔和

图3-133　将锯齿圆形变为复合路径并放置在钳口

（9）选中锯齿和钳子图形，在"路径查找器"面板点选形状模式的第二个模式"减去顶层"。效果如图3-134所示。

（10）绘制一个深灰色的图形呈现钳子的厚度，绘制好后用渐变填充，效果如图3-135所示。

（11）将厚度图形置于底层，编辑锚点来修饰图形体现的体积关系，效果如图3-136所示。

（12）绘制一个矩形，减去顶层后形成复合图形，如图3-137所示。编辑锚点让这个复合图形和圆形贴合，如图 3-138 所示。

（13）绘制一个黑色圆形（见图 3-139），这样能看到叠加的部分是怎样的情况。

（14）选中圆形和钳子左半部，在"路径查找器"面板点选形状模式的第三个模式"交集"。这样得到一个半圆，效果如图 3-140 所示。

图 3-134　"减去顶层"效果

图 3-135　绘制深灰色图形并进行渐变填充

图 3-136　编辑厚度图形

图 3-137　绘制一个矩形并形成复合图形

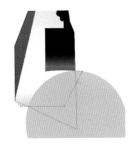

图 3-138　复合图形与圆形贴合

图 3-139　绘制黑色圆形

图 3-140　绘制钳口半圆效果

（15）使用渐变填充半圆，得到凹陷的效果，如图3-141所示。这是钳子上用于剪断钢丝等物的锋利切口。这时有必要调整一下黑色图形的厚度，使得凸起和凹陷对比出来。

（16）用"钢笔工具"绘制一个图3-142所示的图形，选中绘制的图形和圆形，使用"路径查找器"面板中的"减去顶层"命令，得到图3-143所示的图形。

（17）绘制一个图3-144所示的矩形，选中图3-143中的图形和矩形，使用"路径查找器"面板中的"减去顶层"命令，得到图3-145所示的类似半圆的图形。

（18）复制刚绘制的图形到顶层，在工具栏中选择"镜像工具"，拖动鼠标光标让它水平翻转，如图3-146所示。然后往左侧水平横移。接着再用"镜像工具"把左半边圆垂直翻转，效果如图3-147所示。

（19）调整锚点细节，主要是使钳子其他部位弧度和圆形的轴贴合。选中圆轴复制出一个一样的图形到顶层，如图3-148所示。

（20）使用渐变填充，然后将复制出的图形置于底层（见图3-149）。这呈现的便是圆轴的厚度。

图3-141　渐变填充得到半圆凹陷效果

图3-142　绘制图形

图3-143　减去顶层后的图形

图3-144　绘制矩形

图3-145　类似半圆的图形

图3-146　水平翻转图形

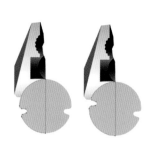
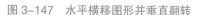

图3-147　水平横移图形并垂直翻转

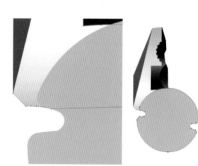

图3-148　调整锚点细节并复制圆轴

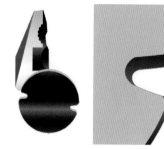

图3-149　渐变填充并置于底层

（21）绘制一个矩形，选中底端的两个锚点拖动，如图3-150所示。

（22）选择图3-151所示的三个图形，在"路径查找器"面板中选择"联集"命令，生成新的复合路径。新的复合路径一般继承了渐变填充。如果没有继承也不要紧，在联集之间复制出一个渐变图形，联集后用"吸管工具"采集之前的渐变填充，使用即可。这时再微调渐变，让其看起来更真实，如图 3-151 所示。

（23）用"钢笔工具"绘制一个图 3-152 所示的图形，使用渐变填充，效果如图 3-153 所示。

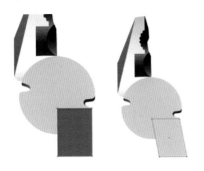

图 3-150　绘制矩形，拖动锚点

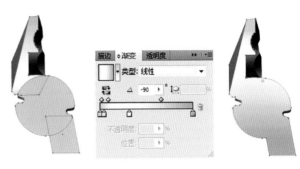

图 3-151　步骤（22）

图 3-152　用"钢笔工具"绘制图形

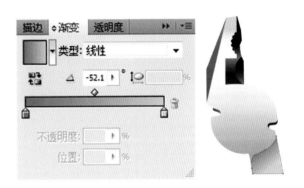

图 3-153　渐变设置及其效果

（24）绘制一个黑色的圆形，如图 3-154 所示。在其上层复制出一个一样的圆形，使用图 3-155 所示的渐变色填充，然后稍稍缩小上层的圆形。

（25）选中最底层的黑色圆形，在它上方复制出一个，填充为白色并向下位移一点。选中灰色的渐变圆形，在它上方复制出一个。选中这两个复制后的图形，在"路径查找器"面板中选择"减去顶层"，得到一个月牙形的白色高光，如图 3-156 所示。

（26）选中最底层的黑色圆形，用渐变色填充，如图 3-157 所示。

（27）复制出一个图 3-158 所示的形状，用灰色填充。再复制一个图形，然后向左和向下位移一点。选中这两个图形，使用"路径查找器"面板中"减去顶层"命令，得到图 3-159 所示的图形，用白色填充。删除多余的部分，只留上方的一点点，如图 3-160 所示。

（28）用同样的方法绘制图 3-161 所示的高光。

这时钳子的一半已经绘制好了，将所有的图形选中并编组。复制出一组，使用"镜像工具"让它水平翻转，如图 3-162 所示。

图 3-154　绘制黑色的圆形

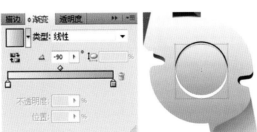

图 3-155　渐变填充上层圆形并稍微缩小

图 3-156　绘制白色高光

图 3-157　渐变填充最底层圆形　　　图 3-158　复制形状　　　图 3-159　减去顶层后　　图 3-160　删除多余
得到的图形　　　　　的部分

图 3-161　绘制高光　　　　　　　　　　图 3-162　图形编组及复制、水平翻转

（29）选中钳子右半部，使用"旋转工具"让它旋转一下，效果如图 3-163 所示。

（30）将钳子全部选中，使用"旋转工具"，按住 Alt 键将旋转中心定义在钳子转轴的圆心，点击弹出窗口，设置旋转角度为 18°，如图 3-164 所示，单击"确定"按钮。注意，图 3-165 所示为钳子张开的最大限度。

需要注意一些细节，删掉不需要的高光，加上一些需要的高光，添加修饰边角厚度的细节，如图 3-166 所示。

（31）绘制底部的厚度图形，步骤如图 3-167 所示。

图 3-163　旋转右半部效果　　　　图 3-164　设置旋转角度　　　　图 3-165　钳子张开的最大限度

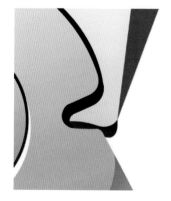

图 3-166　调整细节

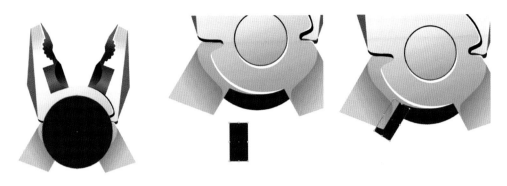

图 3-167　绘制底部厚度图形的步骤

（32）将绘制好的厚度图形合并为一个路径，使用渐变色填充。这个渐变的设置可以沿用金属底座厚度的设置方法，在它的基础上调整，如图 3-168 所示。

（33）绘制转轴部分的高光和投影等细节，如图 3-169 所示。

细节具有丰富变化才能使钳子更真实，绘制好后选中所有元素并编组，如图 3-170 所示。

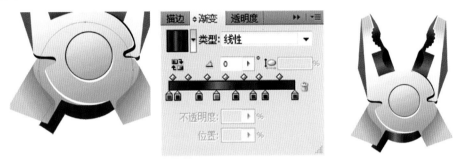

图 3-168　渐变填充底部的厚度图形

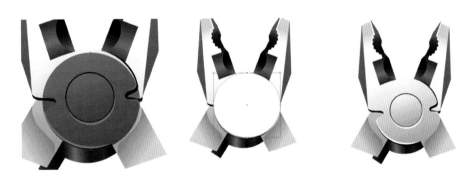

图 3-169　绘制转轴部分的细节

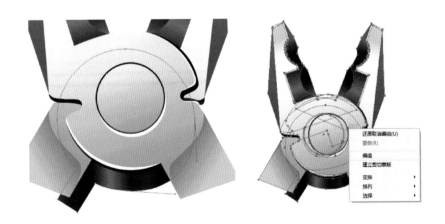

图 3-170　将钳子所有元素编组

（34）绘制钳子的把手。使用"钢笔工具"绘制一个图3-171所示的形状，使用渐变色填充，如图3-172所示。

（35）绘制一个图3-173所示的形状，同时选中这个形状和刚画的黄色把手形状，在"路径查找器"面板中点选"交集"，得到一个暗部的形状，如图3-174所示。用深一点的渐变色来填充它，参数如图3-175所示。

（36）依次类推，绘制其他的几个面，使得手柄更立体。在手柄和钳子的交界处加一些投影，如图3-176所示。

（37）复制出一个右边手柄的基础形状，水平翻转它，依次用同样的方法绘制左半边的手柄，同时要注意暗部和亮部的划分。这样，钳子手柄便绘制完成了，如图3-177所示。

图3-171　绘制钳子的把手形状

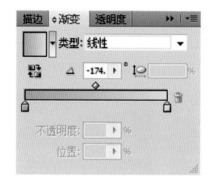
图3-172　填充形状

图3-173　绘制形状

图3-174　暗部形状

图3-175　把手暗面渐变填充参数

图3-176　为右边手柄添加投影

图3-177　钳子手柄绘制完成

（38）绘制钳子的投影，如图3-178所示。选中钳子所有的图形，在上方复制出一个。前面有对其编组，所以这时候应将上方的这些图形取消编组，然后在"路径查找器"面板中点选"联集"，将所有的形状合并为一个形状，把它填充为黑色。

（39）将这个黑色的图形置于底层，不透明度调整为55%，如图3-179所示。

（40）复制出一个黑色图形，向右、向下位移一点，将图形置于底层，不透明度调整为10%，如图3-180所示。

（41）选中这两个用作阴影的图形，按"Ctrl+Alt+B"键，创建混合模式，由此自动创建了一个渐变的投影。钳子的投影便完成了，如图3-181所示。

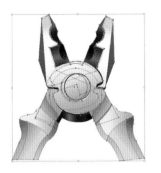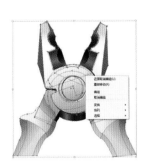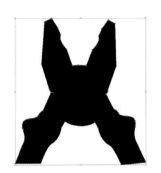

图3-178　绘制钳子的投影

图3-179　将投影置于底层并设置不透明度

图3-180　复制投影图形并调整不透明度

图3-181　钳子的投影

三、组合成图标

将钳子图形放到金属质感底座之中，组合成图标，步骤如下。

（1）将钳子放到画好的金属质感底座的上面，如图3-182所示。

（2）在底座的图层中选中框体内部的图形，在上方复制出一个。由于底座和钳子是在不同的图层中绘制的，要把底座图形发送到钳子所在的图层。操作方法是：先选中要发送的图形，接着在"图层"面板上选中要发送到的图层，鼠标回到图形上，单击鼠标右键，在弹出的菜单中选择"排列"—"发送至当前图层"，底座图形便移动到了钳子所在的图层，如图3-183所示，路径框线已经变成红色了。

（3）选中上方的黑色圆角矩形和所有钳子的图形，单击鼠标右键选择"创建剪贴蒙版"。效果如图3-184所示。

（4）加一点细节。在画布空白的地方绘制一个圆形，用浅灰色填充，"颜色"面板设置如图3-185所示。

（5）在浅灰色圆上方绘制一个椭圆，用渐变色填充，参数如图3-186所示。

填充后效果如图3-187所示。同时选中这两个图形，按"Ctrl+Alt+B"键，创建混合模式，效果如图3-188所示。

（6）在上边绘制一个白色小椭圆，同时选中白色和中间的渐变图形，按"Ctrl+Alt+B"键，创建混合模式。效果如图3-189所示。

图3-182　将钳子放到底座上

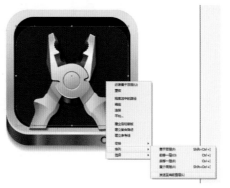

图3-183　将底座图形发送到钳子图层

图3-184　创建剪贴蒙版效果

图3-185　"颜色"面板设置

 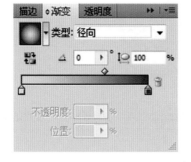

图3-186　绘制椭圆并设置渐变填充参数　　　图3-187　填充后效果　　　图3-188　创建混合模式后的效果

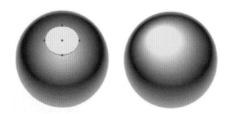

图3-189　绘制白色小椭圆并创建混合模式

（7）绘制一个矩形，用渐变填充。参数如图3-190所示。

（8）在矩形下面绘制一个白色的矩形。复制圆形，并置于顶层。选中两个矩形和圆形，创建剪贴蒙版，得到的效果如图3-191所示。

螺丝钉的图形便完成了。将卡槽转变一下方向，转动45°，然后用前面讲过的方法依法炮制投影放在螺丝钉底部，如图3-192所示。

（9）将螺丝钉放到钳子的右边，左边也复制一个。在金属底座上绘制一个凹槽，让细节更加丰富，如图 3-193 所示。

（10）一个金属质感的图标（见图 3-194）便完成了。也可以创建不同大小尺寸的图标，因为它是矢量图形。

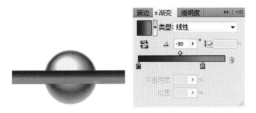
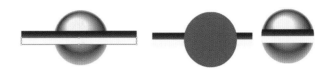

图 3-190　绘制矩形并设置渐变填充参数

图 3-191　步骤（8）

图 3-192　螺丝钉完成效果

图 3-193　将螺丝钉放到钳子的旁边并绘制凹槽

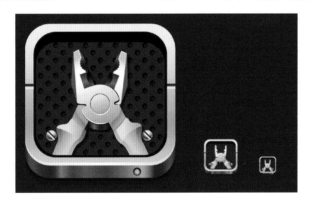

图 3-194　金属质感图标

四、绘制列表界面和详情界面

用 Adobe Photoshop 和 Adobe Illustrator 设计列表和详情界面。

最终效果图如图 3-195 所示。

列表界面在构架内容信息层级时经常用到，特别是在手持终端设备上。由于屏幕大小的限制，人们经常需要从列表界面选择感兴趣的内容再进入详情界面去查看。通常的列表会通过列表项列举出关键信息供用户分辨和判断，例如外观图片、标题、价格、时间、简介等。还有一个元素很重要，这个元素就是图 3-195 中每个列表项的右侧均有的一个向右的箭头，指示这个列表项还有下一级界面，点击后进入的是关于它的下一级界面。这是一个习惯用法。

这里偏向于视觉设计，假定用户是根据图片的不同来分辨信息的（虽然这样的情况不多见）。

列表界面及详情界面设计步骤如下。

（1）新建画布，尺寸为 640 px×960 px，如图 3-196 所示。

（2）在画布顶端画一个黑色的条，尺寸为 640 px×40 px，见图 3-197，不透明度设置为 60%。这个被称为状态栏，上面承载运营商、时间、电池电量等信息。此处置入了运营商、时间、电池电量等信息。新建一个组，命名为"status bar"。

（3）在状态栏下方画一个尺寸为 640 px×88 px 的黑色矩形，在画布底部画一个 640 px×96 px 的黑色矩形，作为导航栏和标签栏。设置它们的混合选项样式，如图 3-198 所示。

（4）在上方的导航栏上用文字工具写上"轮毂"作为当前界面的标题，如图 3-199 所示。文字也定义一下混合选项样式，加上一个投影，参数如图 3-200 所示。

图 3-195　最终效果图　　　　　　图 3-196　新建画布　　　　　　图 3-197　绘制黑色的条

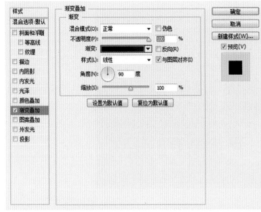

图 3-198　混合选项样式

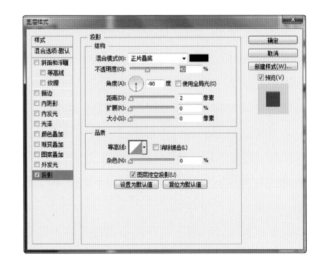

图 3-199　添加当前界面标题　　　　　　　　　　图 3-200　为文字加上投影

（5）打开 Adobe Illustrator，新建一个空白画布。绘制一个圆形（见图 3-201）以表示轮毂，用作标签栏的图标，填充为灰色。复制圆形，并置于顶层，填充为黑色。选中黑色的圆，同比缩小，如图3-202所示。

（6）同时选中两个圆，在"路径查找器"面板点选"减去顶层"，得到图3-203所示的环形。

（7）在环形的中间，再绘制一个圆形。让它在水平和垂直方向居于环形正中，然后绘制一个深灰色椭圆，如图3-204所示。

（8）选中深灰色椭圆形状，点选工具栏里的"旋转工具"。鼠标移向灰色圆的圆心附近，出现中心点的提示后，按住Alt键单击鼠标左键，会弹出对话框，在对话框中填写角度值"72"，可以勾选预览，如图3-205所示，然后点"复制"按钮。

这样复制出一个椭圆并以圆环的圆心为中心旋转了72°。按"Ctrl+D"键重复上一步动作，直到得到5个椭圆。同时选中这五个椭圆，在"路径查找器"面板点选"联集"，得到图3-206所示的形状。

（9）同时选中中间灰色圆和深灰色椭圆，在"路径查找器"面板点选"减去顶层"，得到图3-207所示的形状。

图3-201　绘制圆形　图3-202　同比缩小
　　　　　　　　　　　　　　黑色的圆
　　　　　　　　　　　　　　　　　　　　　图3-203　减去顶层得到环形

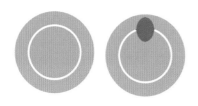  

图3-204　步骤（7）　　　　　　　　　　图3-205　设置旋转复制选项

图3-206　点选"联集"得到形状

图3-207　点选"减去顶层"得到形状

（10）在中心位置绘制一个小圆，同样在"路径查找器"面板点选"减去顶层"，得到图3-208所示的形状。用"旋转工具"改变一下角度，得到最终的"轮毂"图标。

（11）框选"轮毂"图标的所有图形，拖曳到在Photoshop里面创建的画布上。拖过来的图形会作为一个智能矢量图形图层显示，如图 3-209 所示。

（12）双击"轮毂"图标的图层，设置图层混合样式，参数如图 3-210 所示，设置成有内阴影的凹陷效果，并在图标下方写好名称。

（13）使用同样的方法绘制其他的三个图标，具体方法就不再赘述，等距排列好，如图 3-211 所示。

接下来创建一个聚焦状态的图标。

（14）在"轮毂"图标的下方绘制一个圆角矩形，如图 3-212 所示。

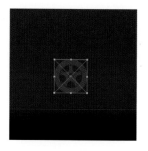

图 3-208 步骤（10）　　　　　　　　　　　　　　　　　　　　　　图 3-209 图层显示

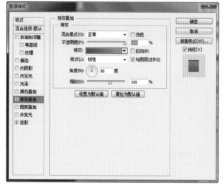

图 3-210 "轮毂"图标图层的参数设置及其效果

图 3-211 绘制所有图标　　　　　　　　　　　　　　　图 3-212 绘制圆角矩形

（15）选择圆角矩形所在的图层，设置图层混合样式，参数如图 3-213 所示，同时将这个图层的填充值改为 15%。

（16）选择"轮毂"图标图层，设置图层混合样式，参数如图 3-214 所示。

得到图 3-215 所示的效果。"轮毂"文字也相应改成白色，凸显聚焦的状态。此时标签栏对应的聚焦状态是"轮毂"，当前看到的界面内容和上方的导航栏标题是对应的。清晰的导航会使用户有清晰的认知。

（17）绘制一个列表项。使用"矩形工具"绘制一个图 3-216 所示的灰色矩形。

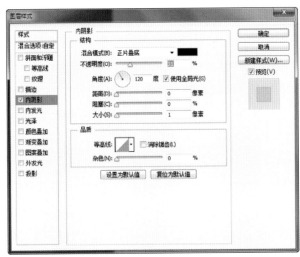

图 3-213　设置圆角矩形所在的图层的参数

图 3-214　"轮毂"图标图层的参数设置

图 3-215　标签栏效果

图 3-216　绘制灰色矩形

（18）找到"样式"面板，在下拉选项中选择"Web 样式"。选择矩形图层，点选"样式"面板第一排第三个样式。在图层样式选项中去掉"斜面和浮雕"的勾选，只留"图案叠加"，因为需要这个拉丝金属的图案效果。接着勾选"渐变叠加"，并对它进行编辑，如图 3-217 所示。

设置完成后，在矩形上方绘制高度为 1 px 的白色线，作为高光，得到图 3-218 所示的效果。将这根线放在矩形的上沿。

得到图 3-219 所示的效果。

（19）使用"圆角矩形工具"，绘制一个图 3-220 所示的黑色矩形。接着绘制一个圆角半径稍大的圆角矩形，调节锚点使它变成图 3-221 中的样子。选中这两个图层，按"Ctrl+E"键，将这两个形状合并成一个复合形状图层。

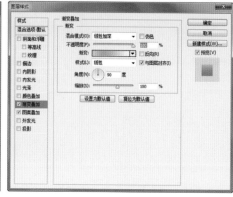

图 3-217　步骤（18）

图 3-218　白色线效果　　图 3-219　添加高光效果　　图 3-220　绘制黑色圆角矩形　　图 3-221　调节锚点

（20）设置这个图层的混合样式，参数如图 3-222 所示，定义高光和厚度。

（21）新建一个画布，添加图 3-223 所示的规则排布的黑色圆点图案背景。方法在前文绘制金属质感底座时已经讲过。将底下的形状图层作为蒙版，把圆点背景置于其中。

（22）选择黑色圆点背景图层，设置图层混合样式，参数如图 3-224 所示。创建出凹陷的阴影效果和空间感。

（23）在上面再绘制一个黑色矩形，作为放置图片的蒙版。在右上角的位置添加一个小螺丝钉，螺丝钉在前面画过，直接拖过来用就好了，如图 3-225 所示。

（24）在右边的空白处，创建一个圆形的形状图层，如图 3-226 所示。

（25）设置这个图层的混合样式，参数如图 3-227 所示，定义出质感和厚度。

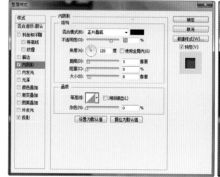
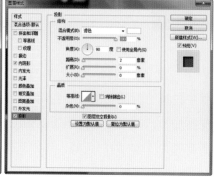

图 3-222　复合形状图层参数设置及效果

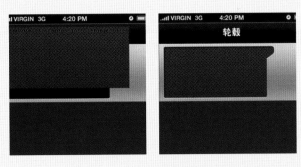

图 3-223　添加图案背景及其效果

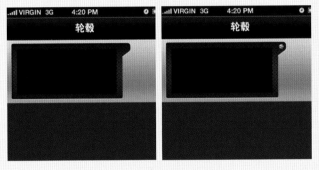

图 3-224　黑色圆点背景图层参数

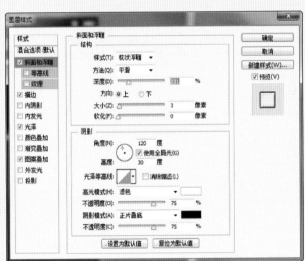

图 3-225　添加矩形和螺丝钉

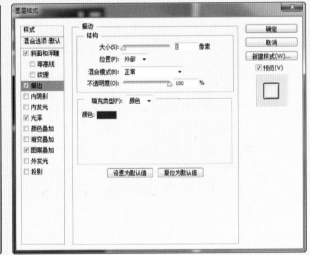

图 3-226　圆形的形状图层

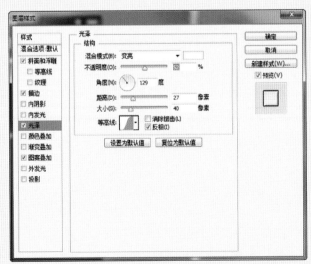

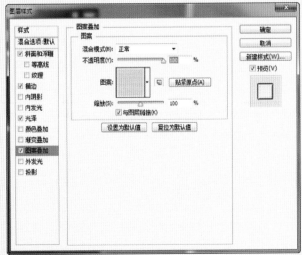

图 3-227　圆形图层参数

接着绘制一个向右的箭头，用深灰色填充，如图3-228所示。这个标志的UI元素代表有下一层级的界面。

（26）框选刚画好的所有元素，复制这一组元素，排列布满整个界面，如图3-229所示。然后找到要放的图片，放置到每个列表项中的黑色的蒙版图层上，便完成了列表界面，如图3-230所示。

图3-231所示的是详情界面，绘制方法和列表界面大同小异。只是有一个细节要注意，字体和字号的选择一定要以能让用户清晰辨认为前提，标题稍大，正文重要的部分用对比度大的颜色。另外，排列整齐美观即可。

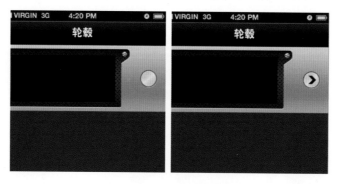

图3-228　向右箭头绘制效果

图3-229　复制列表项　　　　图3-230　列表界面　　　　图3-231　详情界面

第三节　酒店预订应用

一、木头质感图标

用Adobe Illustrator制作木头质感图标。最终效果图如图3-232所示。

木头材质给人自然、舒适、温暖的情感印象，木头是我们日常生活中熟悉的东西。此处要设计的是酒店预订应用的图标，用木头床传递酒店的健康、舒适的品牌理念再贴切不过了。

木头质感图标的制作步骤如下。

（1）新建画布，尺寸为 1 024 px×768 px，"单位"设置为"像素"，如图 3-233 所示。

（2）使用"圆角矩形工具"在画布上单击，弹出对话框，填入图 3-234 所示的数值，得到圆角矩形，用灰色填充。

（3）在网上找到一张木纹素材图片，拖进刚创建的画布。将圆角矩形置于木纹图片之上，适当调整图片的大小和位置，以便在接下来创建剪切蒙版时得到想要的木纹图案。同时选中图片和圆角矩形，单击鼠标右键，选择"建立剪切蒙版"，得到图 3-235 所示的效果。

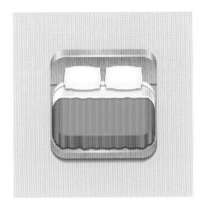

图 3-232　木头质感图标最终效果图

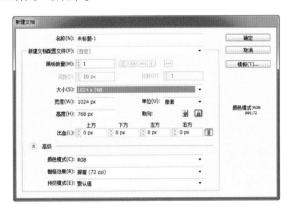

图 3-233　新建画布

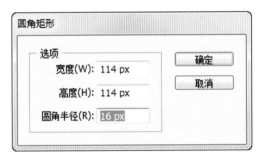

图 3-234　填入数值得到圆角矩形

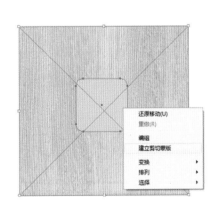

图 3-235　步骤（3）

（4）选择工具栏里的"直接选择工具"，选中刚画好的圆角矩形。按"Ctrl+C"键复制，按"Ctrl+F"键在它的上方复制出新的形状，用灰色填充，如图 3-236 所示。

（5）将灰色圆角矩形的颜色设置成棕色，颜色值为 #9E3D13，并将图层模式改为叠加（效果如图 3-237所示），不透明度改为 50%，得到图 3-238 所示的效果，可以看到颜色相对之前饱和一些，色相偏暖。

（6）选中刚画好的圆角矩形，按"Ctrl+C"键复制，按"Ctrl+F"键在它的上方复制出新的图形，用黑色填充，图层样式改为正常，不透明度改为100%。效果如图3-239所示。

这时的"图层"面板上只有一个"图层1"，如图3-240所示，新建一个"图层2"。

（7）选中图层2，再选中黑色的圆角矩形，单击鼠标右键，在弹出的菜单中选择"排列"—"发送至当前图层"。这样黑色的圆角矩形就以同样的位置出现在图层2中。把图层1锁定，暂时不更改它，如图3-241所示。

（8）为了方便下一步制作，把刚才的黑色圆角矩形换个颜色，选择绿色，因为绿色和红色的路径边框线能很好地区别开。在圆角矩形上画一个矩形，覆盖比例在三分之一左右，如图3-242所示。

（9）同时选中这两个图形，在"路径查找器"面板中选择"交集"，如图3-243所示。

得到图3-244所示的图形，复制一个同样的图形放在下方备用，如图3-245所示。

（10）复制出一个上方的图形，并选中两个同样的图形，在"路径查找器"面板中选择"减去顶层"，得到表现床头厚度的图形，如图3-246所示。

图3-236　复制出灰色圆角矩形

图3-237　叠加效果

图3-238　调整后效果

图3-239　复制出的圆角矩形的效果

图3-240　"图层"面板

图3-241　步骤（7）

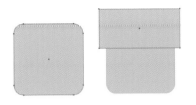

図 3-242　步骤（8）　　　　　　　　　　　图 3-243　步骤（9）

图 3-244　图形

图 3-245　复制图形放在下方备用

图 3-246　步骤（10）

（11）使用渐变色填充这个图形，并添加不同的颜色来打造它的形状和光感。效果如图 3-247 所示。

（12）把下方之前画好的绿色图形移动到上方使它们重合，如图 3-248 所示。

（13）使用褐色的渐变色来填充刚才的绿色形状，并将图层模式改为正片叠底，不透明度改为 30%。用"路径选择工具"选中下方的锚点，往上移动一些来调整床背靠板的高度，效果如图 3-249 所示。

（14）调整床板厚度图形的锚点和圆角弧度，以确保厚度图形和高度图形是无缝衔接的，如图 3-250 所示。

（15）选中床板厚度和高度图形，复制一组放置在上方。选中高度图形往上移动 2 px，然后同时选中两个图形，如图 3-251 所示。

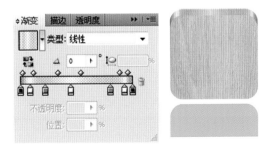  

图 3-247　渐变填充及其效果　　　　　　　图 3-248　上移绿色图形

图 3-249　步骤（13）

图 3-250　调整床板厚度图形

图 3-251　步骤（15）

（16）在"路径查找器"面板中选择"交集"，得到图 3-252 所示的图形。

（17）使用白色—浅黄—白色的渐变色来填充这个形状，注意同时需要降低渐变色标中白色的透明度。并将图层模式改为正常，不透明度改为 80%。效果如图 3-253 所示。

（18）复制一组图 3-254 中的形状，旋转一下放置在底部。

（19）选中表现底部厚度的图形，使用褐色渐变色来填充这个形状，且应注意，底部厚度处于背光面，不需要高光。效果如图 3-255 所示。

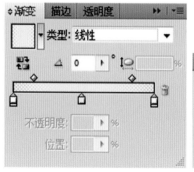

图 3-252　选择"交集"得到图形

图 3-253　步骤（17）

图 3-254　复制形状，旋转放置在底部

图 3-255　底部厚度图形处理及其效果

（20）选中底部的圆角矩形，复制出一个到上层，在上层再绘制一个灰色矩形，裁剪出床板的形状，如图 3-256 所示。

（21）选中这两个图形，在"路径查找器"面板中选择"减去顶层"，得到图 3-257 所示的效果。

（22）调整渐变填充，得到图 3-258 所示的效果。

（23）使用"矩形工具"绘制一条图 3-259 所示的"线"，用深褐色填充。

（24）将图层模式改为正片叠底，不透明度改为 50%。效果如图 3-260 所示。

（25）复制这条"线"，往下移动，如图 3-261 所示。将不透明度改为 20%。效果如图 3-262 所示。

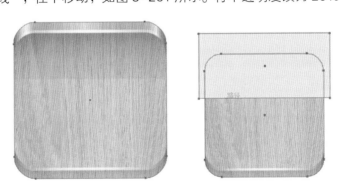

图 3-256　步骤（20）

图 3-257　步骤（21）

图 3-258　调整渐变填充及其效果

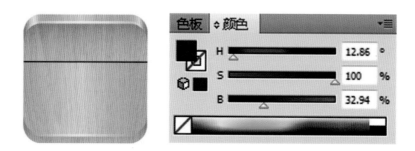

图 3-259　画"线"并填充

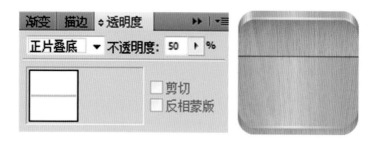

图 3-260　步骤（24）及其效果

图 3-261　复制"线"往下移动并修改不透明度

图 3-262　调整后效果

（26）锁定图层2（见图3-263），新建图层3（见图3-264）。

（27）在图层3上绘制一个图3-265所示的灰色圆角矩形。在上方再绘制一个白色的稍小的圆角矩形。同时选中它们，点击菜单"对象"—"混合"—"混合选项"，在弹出的对话框中，将"间距"设为"指定的步数"，输入框中填"12"。点击菜单"对象"—"混合"—"建立"，得到图3-266所示的效果。这是要绘制的裤子的雏形。

（28）用"直接选择工具"选中白色的形状，按"Ctrl+C"键复制，按"Ctrl+F"键在它的上方复制出新的图形。用灰色填充。接着选中这个灰色图形，稍稍缩小，它继承了刚才创建的混合效果。这样，一个有厚度的裤子呈现出来了，如图3-267所示。

（29）用"直接选择工具"框选中褥子图形的锚点，移动这些锚点，改变褥子的高度，让它合适，效果如图3 268所示。

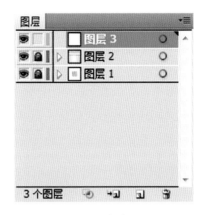

图 3-263　锁定图层 2　　　　　　　　　　　　图 3-264　新建图层 3

图 3-265　绘制圆角矩形并选定

图 3-266　设定混合选项及其效果

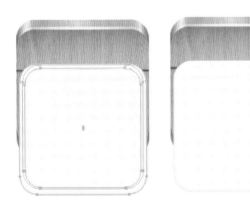
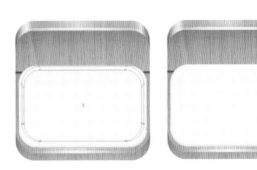

图 3-267　褥子的厚度效果　　　　　　　　　图 3-268　调整锚点位置以改变褥子高度

（30）绘制被子。新建图层4，如图3-269所示。绘制一个图3-270所示的绿色圆角矩形。

（31）绘制一个图3-271所示的形状，以表示垂着的床单。

（32）选中图3-272所示的绿色图形，按住Alt键和Shift键向右拖动鼠标，可以在其右侧复制出一个同样的图形。注意衔接的时候要对齐，不要有空隙。

（33）按"Ctrl+D"键重复上一步动作，将得到一组图3-273所示的图形。将它们全部选中，移动到绿色圆角矩形下方，如图3-274所示。

（34）在"路径查找器"面板中选择"联集"，合并所有形状，得到图3-275所示的效果。

（35）绘制一些形状并合并（见图3-276），达到图3-277所示的效果。

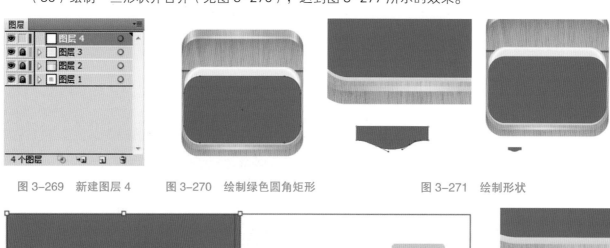

图3-269 新建图层4　　　图3-270 绘制绿色圆角矩形　　　　　图3-271 绘制形状

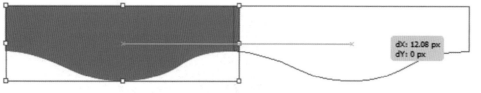

图3-272 复制绿色图形

图3-273 重复复制得到的图形　　　图3-274 移动到绿色圆角矩形下方　　　图3-275 联集效果

图3-276 绘制形状并合并　　　　　　　　　　图3-277 合并后效果

（36）选中图3-278中的圆角矩形，复制一个在上方。颜色调整为浅绿，如图3-279所示。

（37）同时选中图3-280中的两个形状，在"路径查找器"面板中选择"联集"，得到的效果如图3-281所示。

（38）选中这个新创建的图形，用线性渐变来填充，目的是打造床单垂下时的褶皱效果和立体感，定义的色标必须和床单下沿的弧度对应，如图 3-282 所示。

继续加上一些色标，微调颜色的明度等，以达到丰富细节的目的。最终效果如图 3-283 所示。

（39）复制出一个图形，填充成黄色，再绘制一个竖条状矩形，复制成一组，间距保持一致，如图 3-284 所示。

图 3-278 选中圆角矩形

图 3-279 将复制出的圆角矩形颜色调整为浅绿

图 3-280 选中形状

图 3-281 联集后效果

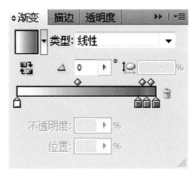

图 3-282 用线性渐变填充图形

图 3-283 加色标调整颜色及其最终效果

图 3-284 步骤（39）

（40）同时选中这组矩形和黄色图形，在"路径查找器"面板中选择"交集"，得到图3-285所示的效果。

（41）将所有条纹形状的不透明度设置为10%，得到图3-286所示的效果。

（42）绘制一个图3-287所示的图形作为高光。设置渐变填充的颜色，效果如图3-288所示。

（43）选中床单形状，在下方复制出一个，不透明度设置为60%，如图3-289所示。

（44）复制出一个黑色形状，往下位移，不透明度设置为10%，如图3-290所示。

（45）同时选中这两个形状，点击菜单"对象"—"混合"—"建立"，得到图3-291所示的阴影效果。

（46）将已经绘制好的被子、床单编组（见图3-292），接着绘制一个图形，如图3-293所示。

图3-285　选中图形的交集效果　　　　　　　　　　　　图3-286　调整不透明度及其效果

图3-287　绘制高光　　　　　　　　　　　　　　图3-288　设置渐变填充及其效果

图3-289　步骤（43）　　　　　　　　　　　　　图3-290　步骤（44）

图3-291　阴影效果　　　　　　图3-292　编组　　　　　　图3-293　绘制图形

（47）用白色和不同的灰色渐变色填充这个图形，使被子富有立体感，如图3-294所示。

（48）增加和刻画一些细节（见图3-295），例如高光、投影等，来表现被子折叠的部分。

（49）加上一个阴影（见图3-296）用于区分被子和褥子。

此时被褥绘制完成，还差两个枕头。

（50）锁定图层4，新建图层5。在新建的图层5中，绘制一个圆角矩形，如图3-297所示。

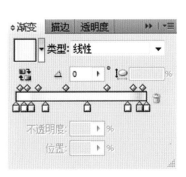

图3-294　填充图形

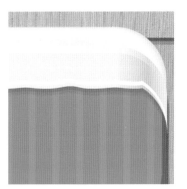

图3-295　增加和刻画细节

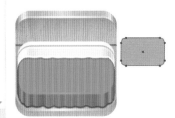

图3-296　加上阴影　　　　　　　　　　　　图3-297　步骤（50）

（51）用"直接选择工具"和转换锚点工具改变圆角矩形的形状，直到它变成枕头的形状（多练习才可以顺利地做到）。完成后用白色填充，并复制出一个图形到上方，用灰色填充，稍微缩小灰色枕头图形，如图3-298所示。

（52）用渐变色填充刚才的灰色枕头图形（见图3-299），渐变类型选择"径向"，中心颜色对应的色标为纯白色。

（53）同时选中这两个枕头形状，点击菜单"对象"—"混合"—"建立"，得到图3-300所示的混合效果。

（54）在上方绘制一个形状，如图3-301所示。选中新绘制的形状和灰色枕头形状，点击菜单"对象"—"混合"—"建立"，得到图3-302所示的混合效果。这时枕头的立体感已经出现了。

（55）采用类似的步骤，添加一个高光形状，再创建混合效果，如图 3-303 所示。

（56）枕头完成了，还需要绘制阴影。在枕头下方绘制一个黑色阴影图形，不透明度设置为 30%（见图 3-304）。注意阴影图形要比枕头图形大一点。

（57）复制一个阴影，稍稍放大它的尺寸，不透明度设置为 5%（见图 3-305）。

（58）选中两个阴影形状，点击菜单"对象"—"混合"—"建立"，得到图 3-306 所示的混合效果。

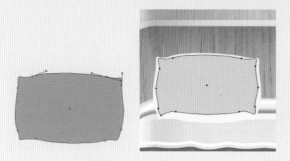
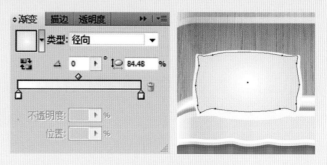

图 3-298　绘制枕头图形　　　　　图 3-299　渐变填充灰色枕头图形

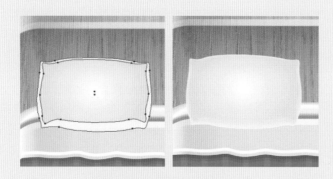
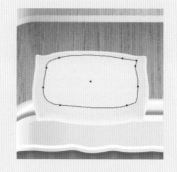

图 3-300　得到混合效果　　　　　图 3-301　绘制形状

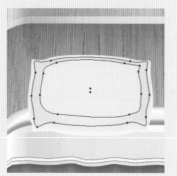

图 3-302　选中形状，创建混合效果

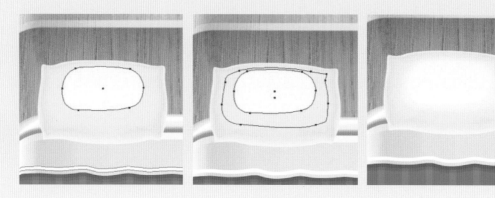

图 3-303　添加高光并创建混合效果

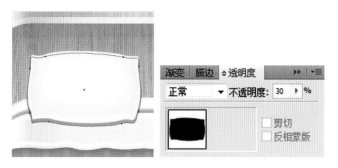

图 3-304　绘制阴影

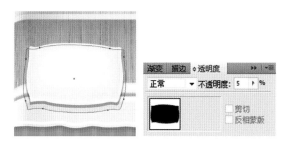

图 3-305　复制阴影并调整

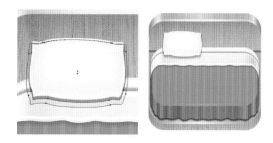

图 3-306　阴影混合效果

（59）复制一个枕头摆在右边，如图 3-307 所示。

（60）微调作品。选中被子图形（见图 3-308），在渐变填充里添加两个深绿色色标，图形一下子就圆润多了，如图 3-309 所示。

（61）在整张床的下方绘制一个阴影，图标制作就完成了，完成效果如图 3-310 所示。

图 3-307　复制一个枕头

图 3-308　选中被子图形

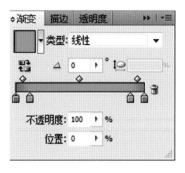

图 3-309　渐变填充调整及其效果

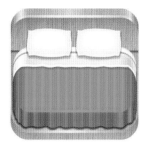

图 3-310　完成效果

二、查询界面

用 Adobe Photoshop 来制作查询界面。最终效果如图 3-311 所示。

酒店预订应用的"查询酒店"功能尤为重要，所以放置在第一个标签。查询界面是否清晰易用直接关系到这个应用的用户体验。从效果图中可以看到：导航栏上右侧有一个电话图标，意思是可以快速拨打客服电话；中间的表单视觉突出，配以图标，罗列清晰，方便用户逐一填写；底部的"查找酒店"按钮视觉效果显著，可点击范围足够大，方便单手操作。这些都是在设计界面时要考虑的。

查询界面制作步骤如下。

（1）新建宽 640 px、高 960 px 的画布，绘制一个半透明黑色状态栏，如图 3-312 所示。

（2）新建一个图层，用灰色填充，如图 3-313 所示。然后在 Photoshop 的图案库里选择一个灰色的图案来填充。

图 3-311　查询界面最终效果　　　　图 3-312　新建画布并绘制状态栏　　　　图 3-313　新建图层并填充灰色

（3）设定好背景图案后，选中这个图层和背景图层，合并这两个图层为背景图层，如图 3-314 所示。

（4）在状态栏的下方绘制一个 88 px × 960 px 的矩形，作为导航栏，如图 3-315 所示。

（5）设置导航栏的图层混合样式，参数如图 3-316 所示。

得到图 3-317 所示的效果，这是导航栏的雏形。

（6）在导航栏顶边处绘制高度为 1 px 的白色矩形，作为高光。绘制好后将不透明度调整为 30%，效果见图 3-318。

（7）选择工具栏中的渐变填充工具，渐变模式为前景色到透明渐变，并选择"径向渐变"选项，如图 3-319 所示。

（8）前景色设置为比导航栏暗部颜色明度和纯度都高一点的同色系绿色。然后使用"渐变工具"从画布底部往上拉出一个径向渐变，如图 3-320 所示。接着挤压它的高度，让它变扁一些，如图 3-321 所示。

（9）将改变形状后的渐变移动到导航栏的底部，居中，呈现的效果是一个比暗部稍亮的反光。如果发现反光不够明显，可以调整色阶使它变亮一些。但是要注意，反光还是属于暗面，不能比亮部还亮。效果如图 3-322 所示。

（10）刻画细节。绘制一个高度为 2 px 的白色矩形，放置在导航栏的底部，如图 3-323 所示。

图 3-314　合并后的背景图层　　图 3-315　绘制导航栏　　　　图 3-316　导航栏图层混合样式参数

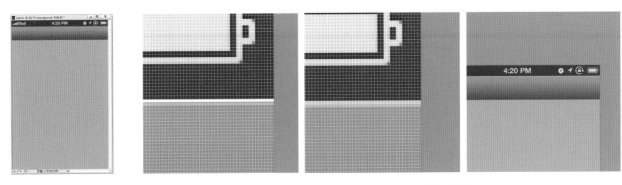

图 3-317　导航栏效果　　　　　　　　图 3-318　导航栏顶边处绘制高光

图 3-319　渐变设置

图 3-320　拉出径向渐变　　图 3-321　挤压渐变高度　　图 3-322　反光效果　　图 3-323　绘制白色矩形，放置
　　在导航栏底部

（11）设置白色矩形的图层混合样式中的渐变叠加，渐变色采用渐变条下方的三个色标确定，左右色标的颜色和导航栏暗部的颜色一致，中间色标颜色要比刚绘制的径向渐变的绿色还亮一些，如图 3-324 所示。

这样得到一个中间向两端渐隐的亮线。这也是一个反光，如图 3-325 所示。

（12）绘制一个矩形，设置灰色到透明的渐变作为导航栏的投影。把它放置在导航栏的下方，如图 3-326 所示，图层在导航栏背景色块图层的下面。

（13）创建导航栏的文字标题，字体颜色为白色，并添加投影，如图 3-327 所示。

（14）绘制一个提示拨打热线电话的图标，放置在导航栏上的右侧，如图 3-328 所示。

（15）设置图标的图层混合样式，参数如图 3-329 所示。

图 3-324　渐变叠加设置　　　　　　　　　　　　　　图 3-325　反光亮线

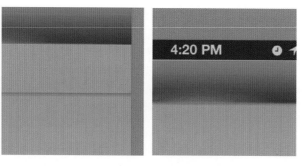

图 3-326　导航栏投影绘制

图 3-327　创建文字标题并设置其投影

图 3-328　绘制图标

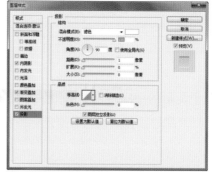

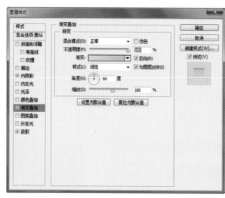

图 3-329　图标图层混合样式参数

（16）绘制查询界面的查询条件区域。绘制一个矩形，使用浅黄色填充，如图 3-330 所示。

（17）设置浅黄色矩形的图层混合选项，得到的效果如图 3-331 所示。

（18）在导航栏与浅黄色矩形之间绘制一个矩形，使用"直接选择工具"选取顶端的锚点并移动锚点，使它变成一个细长的等腰梯形，如图 3-332 所示。

（19）设置等腰梯形的图层混合选项，参数如图 3-333 所示，效果如图 3-334 所示。这样得到一个带有透视感和纵深感的面。为了使这种空间感更形象，再绘制一个投影来强化它。

图 3-330 绘制矩形并填充

图 3-332 移动锚点使矩形
变成等腰梯形

图 3-331 设置矩形图层混合选项及其效果

图 3-333 等腰梯形图层混合选项参数

图 3-334 等腰梯形效果

方法同前，使用渐变填充工具，绘制一个前景色到透明的径向渐变，但是这次是从画布上方往下拖出渐变，得到图 3-335 所示的渐变，同样改变渐变的高度。

选择褐色来填充这个渐变，色值如图 3-336 所示。

将改好颜色的褐色渐变移动到导航栏的底边下方，得到图 3-337 所示的效果。

（20）刻画细节。在面转折的地方绘制 1 px 高的矩形（见图 3-338）来刻画一个高光。

（21）设置它的图层混合样式，参数如图 3-339 所示。

注意中间的色标颜色要稍亮一点，它是这一区域最亮的颜色，而两端的色标颜色最好和附近的背景色一致，这样就能创建出中间向两端渐隐的效果。得到的效果如图 3-340 所示。

（22）在查询区的底部同样绘制高度为 1 px 的矩形，如图 3-341 所示。

同样设置这个矩形的图层混合样式，参数如图 3-342 所示。

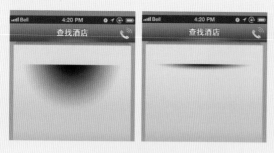

图 3-335　拖出渐变并改变高度　　　　　　　　　图 3-336　褐色色值

图 3-337　褐色渐变效果　　　　　　　　　　图 3-338　在面转折处绘制矩形

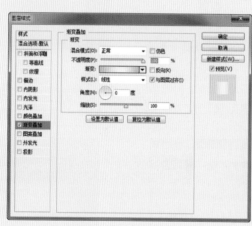

图 3-339　面转折处矩形的图层混合样式参数

图 3-340　面转折处细节效果　　　　　　　　图 3-341　在查询区底部绘制矩形

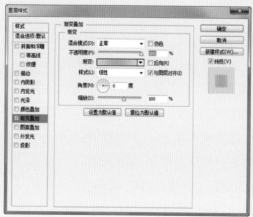

图 3-342　查询区底部矩形的图层混合样式参数

得到图 3-343 所示的效果，注意这次的色标是中间暗、两端亮，为的是创造两个角翘起的效果。

（23）参照前文中创建图像投影的方法，绘制一个投影在更卜层，如图 3-344 所示。这样空间感更强烈了。

（24）绘制装饰花纹，如图 3-345 所示，放置在顶部的位置。注意，它含有高度为 1 px 的白色透明投影。

（25）绘制图 3-346 所示的虚线作为分隔线，将整个区域划分为四行。注意，分隔线也含有高度为 1 px 的白色透明投影。

（26）创建图标和文本内容（见图 3-347），注意选用能保证被看清的字体大小。内容包括向右的箭头标志，代表还有隐藏的下层内容。

（27）绘制底端的标签栏。使用"矩形工具"绘制 96 px×960 px 的矩形，如图 3-348 所示。

设置矩形的图层样式混合选项，参数如图 3-349 所示。

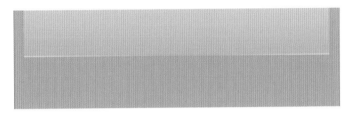

图 3-343　查询区底部细节效果

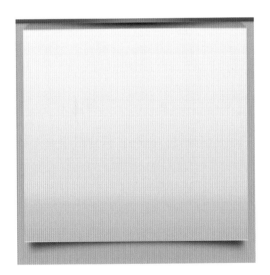

图 3-344　绘制投影

图 3-345　绘制装饰花纹

图 3-346　绘制虚线

图 3-347　创建图标和文本内容

图 3-348　绘制矩形

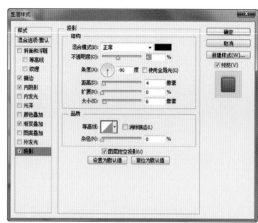
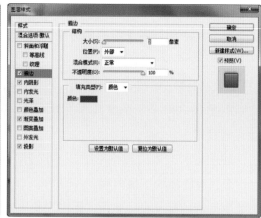
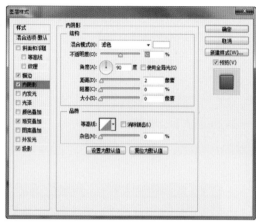
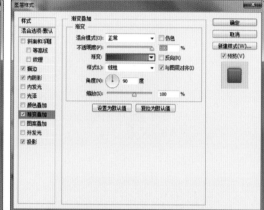

图 3-349　矩形图层样式混合选项参数

得到的效果如图 3-350 所示。

（28）参照绘制分隔线的方法绘制 4 根分隔线，将标签栏等分为 5 份，如图 3-351 所示。

（29）绘制一个深绿色的矩形作为聚焦状态的背景色，高度同样为 96 px，如图 3-352 所示。

（30）给聚焦状态的背景设置内阴影效果，混合选项及效果如图 3-353 所示。

（31）添加标签栏图标和文字，如图 3-354 所示。

（32）选中聚焦状态的放大镜图标，为它设置混合选项以创建一个特殊的视觉属性。参数如图 3-355 所示。

图 3-350　矩形效果

图 3-351　等分标签栏

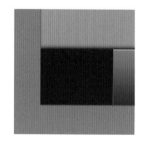

图 3-352　绘制深绿色矩形

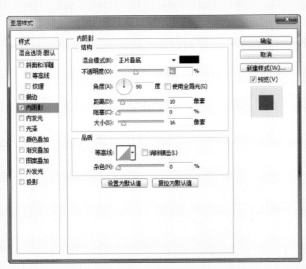

图 3-353 设置内阴影混合选项及其效果

图 3-354 添加图标和文字

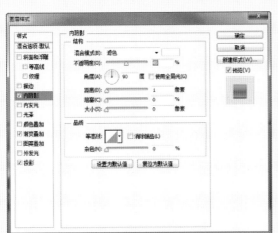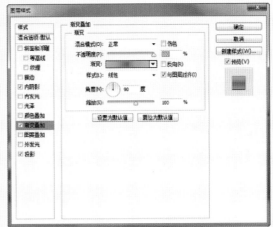

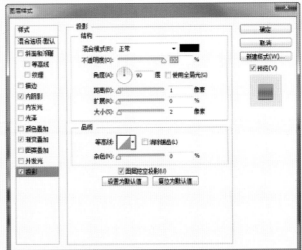

图 3-355 放大镜图标混合选项参数

同时字体的颜色也相应设置为绿色，这样聚焦状态绘制便完成了，效果如图3-356所示。

（33）绘制一个查询按钮。使用"圆角矩形工具"绘制一个圆角矩形（见图3-357）。

设计按钮的混合选项，参数如图3-358所示。

添加按钮上的文字，颜色为白色，并添加1 px的透明内投影。查询界面便完成了，效果如图3-359所示。

图3-356　聚焦状态效果

图3-357　绘制圆角矩形

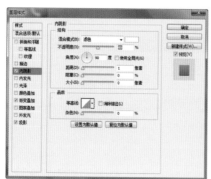 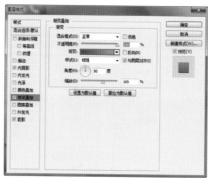 

图3-358　查询按钮混合选项参数

图3-359　完成效果

第四章
游戏界面和写实图标设计实例

第一节　游戏界面设计实例

本书介绍的游戏界面设计实例是一款应用于平板设备的格斗游戏。该游戏界面设计注重沉浸式观感，为了让玩家得到身临其境的体验，状态栏是隐藏的。同时，游戏界面设计更注重视觉表现及声效、动画特效的应用，好的游戏界面设计注重营造出游戏氛围。

一、欢迎界面

欢迎界面还有等待游戏加载的功能。欢迎界面最终效果图如图4-1所示。

具体的设计步骤如下。

（1）打开Photoshop，新建一个画布，尺寸为1 024 px×768 px。在网站上找一些素材图片叠加组合在一起，作为背景，如图4-2所示。

图4-1　欢迎界面最终效果图

图4-2　欢迎界面背景

（2）在画面上添加游戏主要角色，如图4-3所示。

此处主要讲解游戏界面的设计，故没有详细介绍如何绘制一个游戏角色。

本例角色图片素材是在互联网上找的。

一般游戏界面的设计工作中，游戏原画团队常提供角色原画作为素材。

（3）设计游戏标准视觉形象。添加一个文字图层，输入"荣誉之战"四个字，文字填充为白色，如图4-4所示。

（4）选中文字图层，设置它的混合选项（也就是图层样式参数），如图4-5所示。

设置完成得到图4-6所示的效果。黄金质感的字能传达荣誉、坚实力量等寓意，符合游戏的整体氛围。

（5）添加一些血迹图形（见图4-7），叠加在黄金字体之上，营造出热血和战斗的氛围。

血迹图形可以在网上通过搜索"血迹""墨点""油漆喷溅"之类关键字找到。

（6）添加游戏的英文名称，复制"荣誉之战"文字图层的图层样式，粘贴到英文名称图层，效果如图4-8

所示。这样 个完整的游戏标准视觉形象就.完成了。

图 4-3　添加主要角色

图 4-4　添加文字

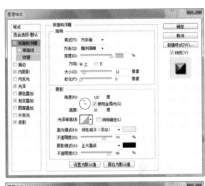

图 4-5　文字图层样式参数

图 4-6　文字效果

（7）在英文名称的下方绘制加载的进度条。用"圆角矩形工具"绘制一个黑色的圆角矩形，如图 4-9 所示。

（8）在减去当前形状模式下，绘制一个略小的圆角矩形，得到一个镂空的图形，如图 4-10 所示。

（9）设置镂空图形的图层样式参数，如图 4-11 所示。

图 4-7　添加血迹图形

图 4-8　添加英文名称并设置样式　　　图 4-9　绘制黑色圆角矩形　　图 4-10　镂空的图形

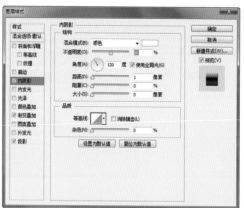
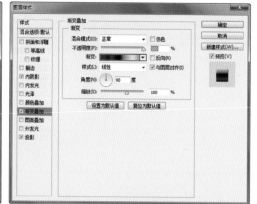

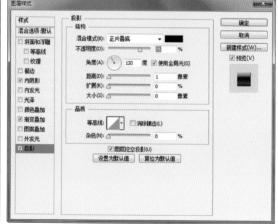

图 4-11　镂空图形图层样式参数

得到一个黄金质感的边框（见图4-12）。这便是进度条的外轮廓。

（10）使用 Adobe Illustrator 或 Photoshop 里面的"钢笔工具"绘制图4-13所示的花纹形状，放在进度条的左侧作为装饰。

（11）复制黄金质感边框的图层样式，粘贴到花纹图层，使花纹呈现出同样的质感效果，如图4-14所示。

（12）复制出一个花纹，水平翻转，放置到进度条右侧，如图4-15所示。

（13）绘制一个黑色的圆角矩形作为进度条底色，如图4-16所示，这个图层放置在底层。

（14）在黑色圆角矩形的上层绘制一个红色的圆角矩形，表示已完成的进度，如图4-17所示。

（15）设置红色圆角矩形的混合选项参数，如图4-18所示。

图4-12 黄金质感边框

图4-13 绘制花纹形状

图4-14 花纹质感效果

图4-15 复制花纹至进度条右侧

图4-16 绘制进度条底色

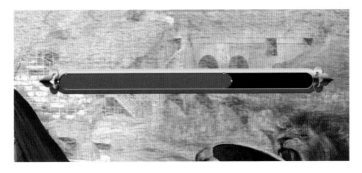
图4-17 绘制红色圆角矩形

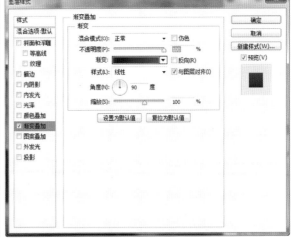
图4-18 红色圆角矩形混合选项参数

得到的效果如图4-19所示。进度条便大体完成，只差数值的实时显示。

（16）在进度条之上添加表示完成度的数据文本，如图4-20所示。

（17）设置文本所在图层的混合选项参数，如图 4-21 所示。

这样，欢迎界面就完成了。

图 4-19　进度条效果

图 4-20　数据文本添加

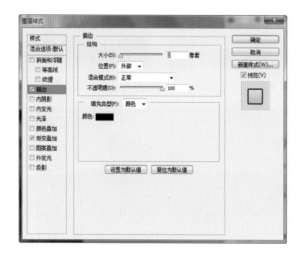

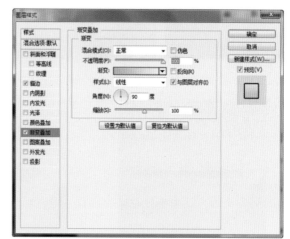

图 4-21　设置文本所在图层的混合选项参数

二、战斗关卡界面

下面介绍战斗关卡界面的设计。

在这里设定每个战斗关卡有一个强大的对手，界面上主要承载的是对手角色的外形和战斗参数，同时玩家自己的信息也被直观地呈现，包括玩家目前的等级、经验值升级进度、金币和钻石的数量、可以使用的道具等，以方便玩家对自己和对手的战斗力进行比较。

在该界面上需设计商店和退出的按钮。

最终效果图如图 4-22 所示。具体制作步骤如下。

（1）制作一个战斗场景（见图 4-23）。这里用图片素材来组合成一个场景——暗夜下的城堡。使用冷色调能更好地和人物设定保持一致。

（2）在画面上添加关卡角色，如图 4-24 所示。

（3）在场景顶部绘制一个黑色矩形充当玩家信息栏，不透明度设置为 60%，如图 4-25 所示。

（4）添加等级标题和文本信息，标题图层样式使用前文介绍过的加载进度条外框的样式以形成黄金质感，如图 4-26 所示。

图 4-22　战斗关卡界面最终效果图

图 4-23　制作战斗场景

图 4-24　添加关卡角色

图 4-25　绘制黑色矩形

图 4-26　添加等级标题和文本信息并设置样式

（5）按照加载进度条的制作方法绘制一个等级的进度条（见图 4-27）。不同的是完成进度使用绿色表示。

绿色的完成进度条的图层样式参数如图 4-28 所示。

（6）添加表示进度的文本信息，如图 4-29 所示。在玩家信息栏上的右侧添加金币图标和钻石图标，也加上数量文本，如图 4-30 所示。

（7）在场景底部同样绘制一个黑色矩形，设置不透明度为 60%。这个区域用于存放按钮，如图 4-31 所示。

（8）绘制一个图 4-32 所示的分隔图形，放置在黑色矩形顶端，同样添加黄金质感的图层样式。

图 4-27　绘制等级的进度条

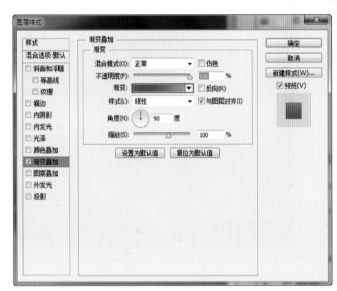

图 4-28　绿色的完成进度条的图层样式参数

图 4-29　添加文本信息　　　　　　　　　　图 4-30　添加金币和钻石的图标及数量文本

图 4-31　存放按钮区域　　　　　　　　　　图 4-32　步骤（8）

（9）绘制按钮。

在 Adobe Illustrator 里绘制一个图 4-33 所示的图形作为按钮的边框，注意不要合并形状。这样的复杂图形可以先用铅笔绘制草图，然后照着草图来在电脑上绘制，这样更有效率。

（10）复制图 4-34 所示的这一部分图形。

（11）按照花纹的交错关系将它们分组合并，见图 4-35，此处用不同颜色区分方便读者理解。接着将不同部分拖曳到 Photoshop 里的游戏关卡界面中。

（12）在 Photoshop 里将这些图形拼成原来的样子，统一加上黄金质感图层样式，如图 4-36 所示。因为是按照交错关系分图层来拼接这个花纹的，所以改变样式并没有影响它的空间感。

（13）使用"圆角矩形工具"绘制图 4-37 所示的边框，加上黄金质感。在这里重新绘制圆角矩形边框是必要的，这样可以更方便地调整它的高度、宽度以适应按钮的不同尺寸。

完成后复制出另一侧的花纹，如图 4-38 所示。

（14）在边框图层下面新建图层，绘制一个绿色的圆角矩形作为按钮的主体，如图 4-39 所示。

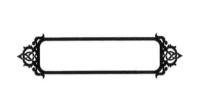

图 4-33　绘制按钮边框

图 4-34　复制图形

图 4-35　分组合并

图 4-36　拼接花纹并加上黄金质感

图 4-37　绘制圆角矩形边框并加上黄金质感

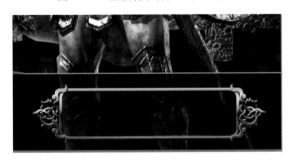

图 4-38　复制出另一侧花纹

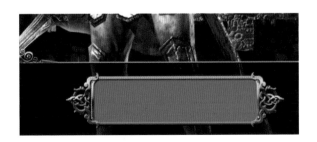

图 4-39　绘制按钮主体

（15）给绿色圆角矩形设置图层样式参数，如图 4-40 所示。

（16）添加按钮文字"开始战斗"。得到的效果如图 4-41 所示。

（17）选中"开始战斗"文字图层，设置图层样式参数，如图 4-42 所示。

得到文字凹陷效果，如图4-43所示，一个按钮便完成了。

（18）复制刚完成的按钮，改变它的宽度来定义另两个按钮，得到"退出"和"商店"按钮，放置在"开始战斗"按钮左侧。按钮效果如图4-44所示。

（19）在主体场景区域的左侧绘制一个圆角矩形边框，用来定义道具栏的尺寸，同样添加黄金质感样式，如图4-45所示。

图4-40　绿色圆角矩形图层样式参数　　　　　　　　　　图4-41　添加文字后的效果

图4-42　"开始战斗"文字图层样式参数　　　　　　　　图4-43　文字凹陷效果

图4-44　按钮效果　　　　　　　　　　　图4-45　绘制圆角矩形边框并添加黄金质感

（20）绘制黑色圆角矩形放置在边框图层下层，不透明度设置为80%，如图4-46所示。

（21）在 Adobe Illustrator 里面绘制一个图 4-47 所示的图形，拖曳到游戏战斗关卡界面中作为道具栏顶端的装饰元素，同样添加黄金质感样式。

（22）复制出一个同样的装饰图形并垂直翻转，放置到道具栏底端，如图 4-48 所示。

（23）绘制两根分隔线，将道具栏分成三部分，如图 4-49 所示。

（24）添加道具图标，放置在道具栏上（见图 4-50），这里放置三个药瓶道具，并添加数量文本。

（25）在画面中央添加关卡任务的战斗数值信息，如图 4-51 所示。

这样战斗关卡界面就完成了。

图 4-46　绘制黑色圆角矩形并设置不透明度

图 4-47　绘制道具栏顶端的装饰元素

图 4-48　绘制道具栏底端装饰

图 4-49　绘制分隔线

图 4-50　添加道具图标和数量文本

图 4-51　添加关卡任务战斗数值信息

三、道具栏药瓶图标

前文设计中使用的图 4-52 所示的道具药瓶是用 Adobe Illustrator 绘制的，难点在于透明质感的表现。下面介绍如何绘制这样一个药瓶图标。

（1）使用"钢笔工具"绘制一个图 4-53 所示的图形作为瓶子的主体部分，使用浅灰色填充，不透明度设置为 30%。

（2）绘制一个椭圆图形，使用白色填充，不透明度设置为 50%，选中瓶身和椭圆，创建图形混合效果，混合模式为"指定的步数"，步数为 12，效果如图 4-54 所示。

（3）绘制一个图 4-55 所示的图形，使用深绿色填充，作为瓶内液体的基础形态。

（4）绘制一个图 4-56 所示的图形，使用草绿色渐变填充。将两个图形选中，创建混合效果，得到图 4-56 所示的效果。

绿色渐变的参数设置如图 4-57 所示。绘制出来的液体看起来具有一定的透光度。

图 4-52 道具药瓶　　　　　　　　　　　图 4-53 瓶子的主体部分及其颜色设置

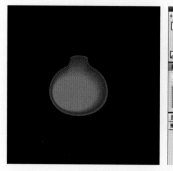

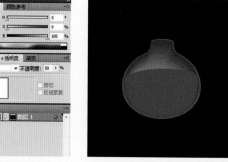

图 4-54 步骤（2）　　　　　图 4-55 绘制图形并用深绿色填充　图 4-56 混合两个图形后的效果

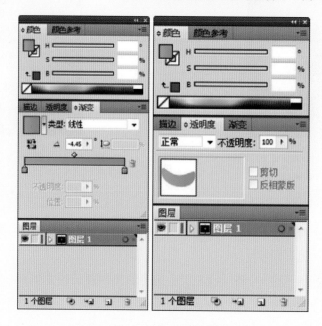

图 4-57 绿色渐变的参数设置

（5）绘制一组同心椭圆，分别设置不同色阶的绿色，创建混合效果，得到液体的顶面波纹效果，如图 4-58 所示。

（6）绘制图 4-59 所示的图形作为瓶子暗部的反光，使用白色到透明的渐变填充。

（7）绘制瓶身上部的反光，使用白色到透明的渐变填充，如图 4-60 所示。

（8）绘制两个白色图形作为瓶身上的高光，如图 4-61 所示。

（9）由于玻璃具有光滑的质感，反光率很高，所以要继续绘制其他的环境对瓶子的反光和折射效果，如图 4-62 所示。

（10）绘制一组椭圆，设置不同透明度的白色和渐变色，创建混合效果，得到一个瓶底图形，如图 4-63 所示。

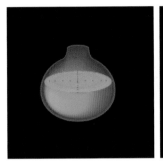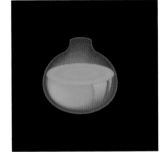

图 4-58　绘制同心椭圆，得到顶面波纹效果　　　　图 4-59　绘制暗部的反光

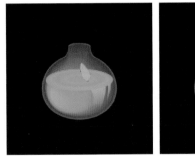

图 4-60　绘制瓶身上部的反光　　　　　　　　　　图 4-61　绘制高光

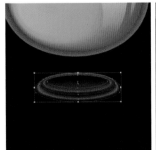

图 4-62　绘制其他反光和折射　　　　　　　　　　图 4-63　瓶底图形

（11）绘制图 4-64 所示的月牙形状图形，使用渐变色填充，渐变的色相如图 4-65 所示，不透明度设置为 42%。

到这一步，瓶身的绘制便完成了，效果如图 4-66 所示。

（12）绘制不同透明度的黑色椭圆，创建混合效果，以塑造投影的效果（见图 4-67）。注意中间有一个白色的半透明椭圆，这表示瓶子的强烈反光投射在投影的区域的效果。

（13）绘制图 4-68 所示的图形作为瓶箍。

（14）使用渐变色填充瓶箍图形，色相设置如图 4-69 所示。

（15）绘制图 4-70 所示的图形，使用深灰色填充，这代表瓶箍的厚度。

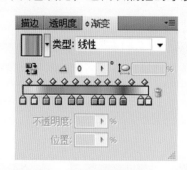

图 4-64　绘制月牙形状图形并用渐变色填充　　　图 4-65　渐变的色相　　　　　图 4-66　瓶身效果

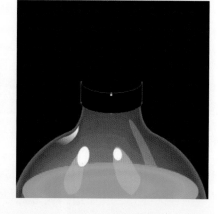

图 4-67　绘制椭圆以塑造投影效果　　　　　　　　图 4-68　绘制瓶箍

图 4-69　瓶箍渐变色相设置　　　　　　　　　图 4-70　瓶箍的厚度图形

（16）绘制瓶颈，注意上部保留和瓶箍一致的弧度。使用不同透明度的渐变色填充瓶颈，色相设置如图 4-71 所示。

（17）绘制一个瓶颈的高光图形，使用白色到透明的渐变填充。色相设置如图 4-72 所示。

（18）使用和绘制瓶底类似的方法绘制瓶口，效果如图 4-73 所示。

（19）绘制球状玻璃瓶塞。绘制一个正圆，填充黑色，设置不透明度为 9%，如图 4-74 所示。

（20）绘制一个稍小的浅灰色圆形，不透明度设置为 50%。选中这两个圆形创建混合效果，如图 4-75

所示。

（21）绘制一个浅灰色图形，不透明度设置为50%，继续创建混合效果，如图4-76所示。

图4-71　瓶颈色相设置

图4-72　瓶颈高光图形的色相设置

图4-73　瓶口绘制及效果

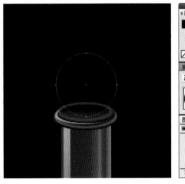

图4-74　绘制正圆并设置填充颜色

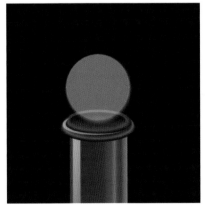

图4-75　绘制浅灰色圆形并创建混合效果

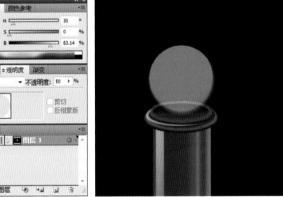

图4-76　绘制浅灰色图形，继续创建混合效果

（22）在更上层绘制一个图4-77所示的图形，使用浅灰色到深灰色渐变填充，不透明度设置为29%，继续创建混合效果。

（23）在更上层绘制一个图4-78所示的图形作为瓶塞的环境色，使用渐变色填充，不透明度设置为70%，色相和色阶设置如图4-78所示。

（24）绘制瓶塞玻璃球上部的反光，使用白色到透明的渐变填充，如图4-79所示。

（25）添加两个白色圆形作为高光，如图4-80所示，透明而又光滑的质感便塑造出来了。

至此，药瓶图标绘制完成。

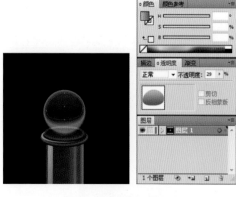

图 4-77　绘制图形，渐变填充并再次创建混合效果

图 4-78　绘制瓶塞的环境色图形并进行设置

图 4-79　绘制瓶塞玻璃球上部反光

图 4-80　添加高光

四、商店界面

下面介绍商店界面的设计和制作。效果图如图 4-81 所示。

很多游戏中都有商店，玩家可以在里面购买武器装备或道具。本例商店界面的交互枢纽为左上角的下拉菜单，可以看到当前显示的是武器的分类，其他的分类都隐藏在下拉菜单中，因此只需要绘制一个界面，其他的分类都可以继承这个风格。

具体步骤如下。

（1）制作一个背景，如图 4-82 所示。

（2）将之前绘制过的金币和钻石图标及数量文本摆放在右上角的位置，如图 4-83 所示，有多少财富可用于购买是个关键信息。

（3）复制之前绘制过的按钮，定义一个下拉菜单的基础，摆放在左上角，如图 4-84 所示。

（4）绘制一个正圆形状，添加黄金质感的图层样式，如图 4-85 所示。

（5）在上层绘制一个白色的圆形形状，略小于刚才的圆，如图 4-86 所示。

（6）设置这个白色圆形的图层样式参数，如图 4-87 所示。

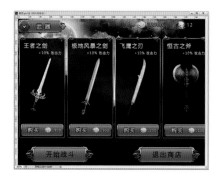

图 4-81　商店界面效果图

图 4-82　制作背景

图 4-83　金币和钻石图标及数量文本添加

图 4-84　下拉菜单的基础

图 4-85　绘制圆形并添加黄金质感

图 4-86　绘制白色圆形

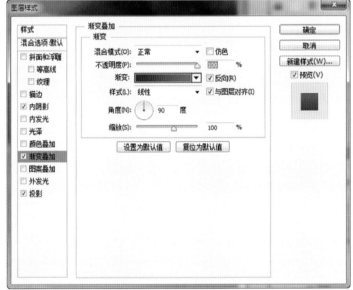

图 4-87　设置参数

（7）在圆形按钮上方和下方添加装饰元素。效果如图 4-88 所示。

（8）使用"钢笔工具"绘制一个白色向下箭头来呈现下拉菜单的操作提示，如图 4-89 所示。

图 4-88 添加装饰后效果

图 4-89 绘制向下箭头

（9）选中刚刚绘制白色箭头的图层，设置这个图层的图层样式参数，如图 4-90 所示。

（10）定义一个武器的边框，如图 4-91 所示，元素风格和道具栏是一致的，将第一个边框紧挨左侧边缘摆放，更多的武器信息设计为向左滑动屏幕显现。

（11）绘制一个按钮放在边框底部（见图 4-92），添加按钮文字和价格信息，如图 4-93 所示。

（12）添加武器名称、武器属性介绍文字和武器图片，文字样式和其他界面风格保持一致，如图 4-94 所示。

（13）依次类推，绘制其他武器，如图 4-95 所示。

图 4-90 白色箭头图层样式参数

图 4-91 武器边框　　　图 4-92 添加按钮　　　图 4-93 添加文字和价格信息

图 4-94　添加文字和图片

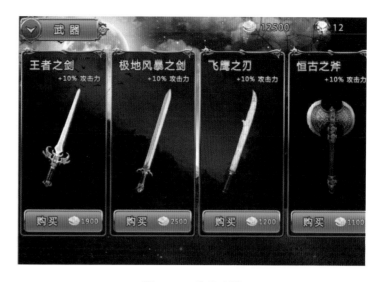

图 4-95　其他武器

（14）在底部空出的位置添加两个按钮，效果如图 4-96 所示。

（15）绘制一个黄金质感的箭头来指引用户操作，如图 4-97 所示。向左的箭头表示可以向左滑动屏幕查看更多的武器，同时也考虑右侧有箭头的情况。

商店界面便完成了，完成效果如图 4-98 所示。

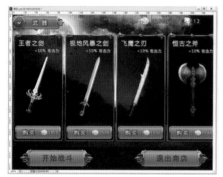

图 4-96　添加两个按钮

图 4-97　绘制黄金质感箭头

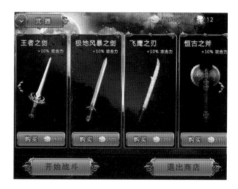

图 4-98　商店界面完成效果

五、战斗数据统计界面

本例设定每一关胜利后会出现一个战斗数据统计界面（见图 4-99），当然失败了也会有一个类似界面。制作方法前面已经全部介绍过了，这里不再赘述。过程如下。

（1）背景的制作，要点是突出胜利的氛围，如图 4-100 所示。

（2）添加胜利的文本提示，如图 4-101 所示。

（3）中间区域为内容承载区，定义它的高度，如图 4-102 所示。

（4）添加装饰以起到分隔线的作用，如图 4-103 所示。

（5）添加标题，如图 4-104 所示。

（6）添加信息，并合理布局，如图 4-105 所示。

（7）添加数据信息和图标，注意分组，如图 4-106 所示。

（8）添加按钮，最终完成界面的设计，效果如图 4-107 所示。

图 4-99　战斗数据统计界面效果图

图 4-100　背景的制作

图 4-101　添加文本提示

图 4-102　定义内容承载区高度

图 4-103　添加分隔线

图 4-104　添加标题

图 4-105　添加信息并布局

图 4-106　添加数据信息和图标

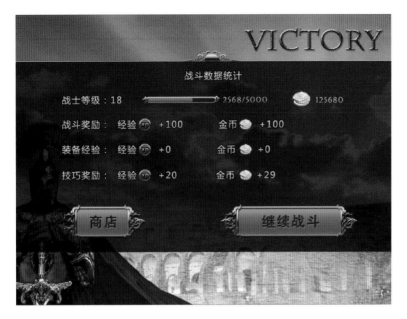

图 4-107　战斗数据统计界面完成效果

第二节　写实图标设计实例

一、步骤分解

绘制一个图 4-108 所示的写实图标需要使用众多的图形和图层，过程复杂，所以在绘制过程中需要好好规划，拟出绘制的先后顺序，并将图层清晰地分类。这样，需要调整和修改一个小部件的时候，才能方便地找到它。

本例将这个汽车图标分解成雨刮器、前脸、车身、天线、底盘和车轮、风挡玻璃六个部分，如图 4-109 所示。这样能在最终的效果图中体现它们之间的空间关系。

下文中将这六个部分对应各自的图层进行绘制，如图 4-110 所示。

图 4-108　写实图标

图 4-109　图标分解

171

图 4-110　六个部分对应的图层

二、绘制风挡玻璃

下面进行风挡玻璃的绘制，这一部分的效果如图 4-111 所示。步骤如下。

（1）打开 Adobe Illustrator，新建图层，命名为"风挡玻璃"。在这个图层使用"圆角矩形工具"和改变锚点工具绘制一个图 4-112 所示的深灰色形状，得到风挡玻璃的基础形状。

（2）复制一个风挡玻璃基础图形（见图 4-113），颜色设置为白色。然后将两个图形全部选中，创建混合效果。接着重复这样的动作，创建六个颜色层次，并调整每个层次的颜色来塑造立体效果。

最顶层设置一个渐变填充，如图 4-114 所示，这是为了体现风挡玻璃的弧度。

（3）完成风挡玻璃和它的边框，如图 4-115 所示。

（4）在风挡玻璃的图层下方，如图 4-116 所示绘制一个图形作为车身的部分，使用蓝色系的渐变填充，渐变的颜色设置和色阶数如图 4-116 所示。

（5）如图 4-117 所示在风挡玻璃的上方绘制两个图形，并创建黑色到蓝色的颜色混合，作为车顶对车身的投影。

（6）在投影图层的上方如图 4-118 所示绘制两个图形，并创建白色到浅灰色的颜色混合，作为车顶。

图 4-111　风挡玻璃效果

图 4-112　深灰色形状

图 4-113　复制风挡玻璃图形、创建颜色层次并调整

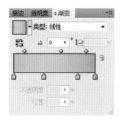

图 4-114　最顶层设置渐变填充

图 4-115　风挡玻璃和边框完成图

图 4-116　绘制车身部分并进行渐变填充

图 4-117　绘制车顶对车身的投影

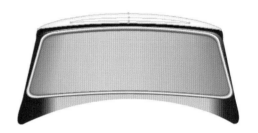

图 4-118　绘制车顶

图形的层次关系是：车顶在最上，接着是投影，再是风挡玻璃和车身。效果如图 4-119 所示。

（7）如图 4-120 所示使用"钢笔工具"绘制一个白色图形，作为汽车内部座椅、后视镜等的剪影，同时也体现了风挡玻璃透明的质感，使人仿佛能透过后车窗看到亮光。

（8）使用"椭圆工具"绘制方向盘，体积感和质感的打造依旧用颜色混合来实现。

使用剪切蒙版功能，裁掉一部分方向盘的图形，使它看起来在车内，如图 4-121 所示。

（9）绘制两个图形作为高光，使用白色到透明的渐变填充，用以塑造风挡玻璃的光滑质感，如图 4-122 所示。

高光的渐变设置如图 4-123 所示。

阶段效果如图 4-124 所示，风挡玻璃具有了透光和光滑的特点。

（10）绘制两个后视镜图形放置在车身图形两旁，如图 4-125 所示。

图 4-119　画好车顶后的效果

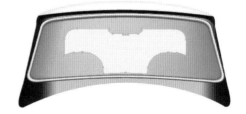

图 4-120　绘制白色图形

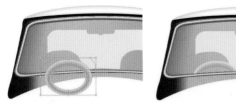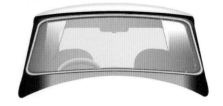

图 4-121　绘制方向盘并调整　　　　　　　　　　图 4-122　绘制高光

图 4-123　高光的渐变设置　　　　　　　　图 4-124　阶段效果

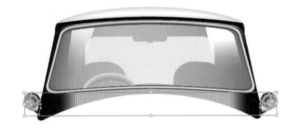

图 4-125　绘制后视镜

由于篇幅原因，实现的方法不详细介绍了，如果读者熟悉了技法，绘制这个后视镜是很简单的事情。到这里，风挡玻璃部分完成。

三、绘制车身

下面进行车身的绘制。这一部分的效果如图 4-126 所示。步骤如下。

（1）新建图层，命名为"车身"。使用"钢笔工具"绘制图 4-127 所示的图形，并使用蓝色系颜色来渐变填充。

渐变的颜色设置和色阶数如图 4-128 所示。

（2）如图 4-129 所示绘制一个图形作为暗部转折面，使用黑色填充。

将这个黑色图形的不透明度设置为 50%，如图 4-130 所示。

（3）如图 4-131 所示绘制一个图形作为车身正面，使用不同的渐变颜色填充。

图 4-126　车身效果　　　　　　　　　　图 4-127　绘制车身图形并填充渐变色

图 4-128　渐变参数设置

图 4-129　绘制暗部转折面

图 4-130　不透明度设置

图 4-131　绘制车身正面

渐变的颜色设置和色阶数如图 4-132 所示。

（4）复制一个车身正面图形，略微位移，将较下层图形颜色填充为黑色，作为车身正面和顶面的分隔，如图 4-133 所示。

（5）绘制高光。在车身正面上部绘制两个图形，并创建白色到浅蓝色的混合作为高光，如图 4-134 所示。

（6）绘制图形作为车前灯的边框，并给它们添加投影，如图 4-135 所示。

（7）绘制汽车的标志，放置在车身正面，如图 4-136 所示。

（8）绘制汽车前大灯，注意塑造高光的玻璃质感，如图 4-137 所示。

图 4-132　车身正面渐变设置

图 4-133　绘制正面和顶面的分隔

图 4-134　绘制高光

图 4-135　绘制车前灯的边框并添加投影

图 4-136　绘制汽车标志

图 4-137　绘制汽车前大灯

（9）复制出一个前大灯，放在右侧对称的位置，如图 4-138 所示。

（10）绘制一个带状白色油漆装饰，并在左侧加上黑色投影，如图 4-139 所示，这个投影表达的是引擎盖的轮廓。

（11）同样复制一个对称的图形放置在右侧，如图 4-140 所示，这样车身的部分也完成了。

（12）将风挡玻璃图层和车身图层组合在一起，达到图 4-141 所示的效果。

图 4-138　复制前大灯　　　　　　　　　　　图 4-139　绘制白色装饰并加上投影

图 4-140　复制对称图形至右侧　　　　　　　图 4-141　组合风挡玻璃和车身效果

四、绘制前脸

下面进行前脸的绘制。这一部分的效果如图 4-142 所示。步骤如下。

（1）隐藏风挡玻璃图层，保留车身图层。新建一个图层，命名为"前脸"。在这个图层上用"钢笔工具"绘制一个图 4-143 所示的图形，使用渐变色填充。

渐变的颜色设置和色阶数如图 4-144 所示。

（2）隐藏车身图层，只保留前脸图层。执行菜单命令"效果"—"风格化"—"投影"，在弹出的窗口设置图 4-145 所示的参数，创建一个投影。

得到的效果如图 4-146 所示。

图 4-142　前脸效果

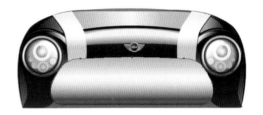

图 4-143　绘制图形

（3）在渐变图形上层绘制一个类似的稍小的图形，用灰色填充，如图 4-147 所示。

（4）用同样的方法绘制一个黑色图形，效果如图 4-148 所示。

（5）绘制一个栅栏，然后复制成一组，放置在最上层，注意每个栅栏个体都有亮面、明暗交界线、暗面和投影，如图 4-149 所示。

（6）复制黑色的图形到最上层，同时选中所有栅栏，创建剪切蒙版，效果如图 4-150 所示。

（7）绘制图 4-151 所示的图形，放置在前脸栅栏之上，这是装饰物。同样，它也有体积、质感和投影需要塑造。

（8）绘制一个图 4-152 所示的图形作为保险杠，使用渐变色填充。

图 4-144　前脸渐变设置

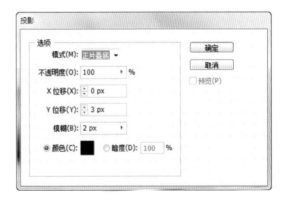

图 4-145　投影参数设置

图 4-146　创建投影后的效果

图 4-147　绘制稍小图形并用灰色填充

图 4-148　绘制黑色图形

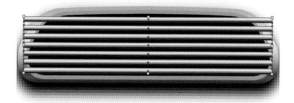

图 4-149　绘制栅栏

图 4-150　剪切蒙版效果

图 4-151　绘制装饰物

图 4-152　保险杠

渐变的颜色设置和色阶数如图 4-153 所示。

（9）选中保险杠图形，执行菜单命令"效果"—"风格化"—"投影"，在弹出的窗口设置图 4-154 所示的参数，创建一个投影。得到的效果如图 4-155 所示。

（10）如图 4-156 所示在保险杠的暗部绘制图形，并用渐变色填充，以塑造出暗部的反光效果。

渐变的颜色设置和色阶数如图 4-157 所示。

（11）绘制图 4-158 所示的图形，并用渐变色填充，这是保险杠的明暗交界线。

渐变的颜色设置和色阶数如图 4-159 所示。

（12）在保险杠的亮部绘制图 4-160 所示的图形，并用渐变填充，以塑造出高光效果。

将完成的保险杠和之前绘制好的部分放置在一起，如图 4-161 所示。

（13）依次绘制前灯和两侧黄色的转向灯，如图 4-162 所示。注意，每个灯都要创建投影效果，这样才能体现出空间感。

到这里，前脸的绘制工作完成了。

将目前绘制好的部分放置到一起，效果如图 4-163 所示。

图 4-153　保险杠渐变设置

图 4-154　保险杠投影设置

图 4-155　保险杠投影效果

图 4-156　在保险杠暗部绘制图形

图 4-157　保险杠暗部渐变设置

图 4-158　绘制图形呈现明暗交界线

图 4-159　明暗交界线图形的渐变设置

图 4-160　绘制图形呈现高光效果

图 4-161　完成的部分

图 4-162　绘制前脸上的车灯

图 4-163　目前绘制好的部分

五、绘制底盘和车轮

下面进行底盘和车轮的绘制。这一部分的效果如图 4-164 所示。步骤如下。

（1）在新建的"底盘和车轮"图层上绘制图 4-165 所示的形状，使用径向渐变填充。

（2）创建一个新的图形，如图 4-166 所示。同时选中它们创建颜色混合。

（3）绘制底盘底部的部件，如图 4-167 所示。

（4）绘制车轮挡泥板，使用渐变色填充，如图 4-168 所示。

渐变的颜色设置和色阶数如图 4-169 所示。

（5）绘制挡泥板的高光，使用渐变色填充，如图 4-170 所示。

渐变的颜色设置和色阶数如图 4-171 所示。

图 4-164　底盘和车轮效果

图 4-165　绘制形状

图 4-166　创建新的图形

图 4-167　绘制底盘底部部件

图 4-168　绘制车轮挡泥板

图 4-169　挡泥板渐变设置

图 4-170　绘制高光，使用渐变色填充　　　　　　　　图 4-171　挡泥板高光渐变设置

（6）绘制轮胎的基础形状，使用渐变色填充，如图 4-172 所示。

渐变的颜色设置和色阶数如图 4-173 所示。

透明度设置如图 4-174 所示。

（7）绘制轮胎的中间面，用黑色填充，如图 4-175 所示。

（8）绘制轮胎的纹路，如图 4-176 所示，并创建剪切蒙版，使纹路和轮胎形状吻合。

（9）将纹路和轮胎叠放在一起，效果如图 4-177 所示。

（10）绘制一个暗面，加强轮胎的立体感，如图 4-178 所示。

（11）在挡泥板的下方创建一个黑色半透明的阴影，塑造空间感，如图 4-179 所示。

（12）将完成的轮胎复制一个，放置在右侧，如图 4-180 所示。

（13）绘制一些零部件，添加在底盘的位置，起到丰富细节的作用，如图 4-181 所示。

（14）绘制一个车牌，创建车牌号等文本，如图 4-182 所示。

（15）用创建投影的方法，在底盘的下方绘制一个投影，如图 4-183 所示。

这样底盘和车轮便完成了，完成部分效果如图 4-184 所示。

图 4-172　轮胎渐变色填充　　　图 4-173　轮胎渐变设置　　　　　　　图 4-174　透明度设置

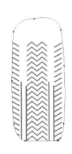

图 4-175　绘制轮胎中间面并用黑色填充　　　图 4-176　绘制纹路　　　图 4-177　纹路和轮胎叠放效果

图 4-178　绘制暗面

图 4-179　创建黑色半透明的阴影

图 4-180　复制轮胎

图 4-181　添加一些零部件

图 4-182　绘制车牌

图 4-183　绘制投影

图 4-184　完成部分效果

六、绘制雨刮器

绘制雨刮器具体步骤如下。

（1）新建一个图层，命名为"雨刮器"，并绘制图 4-185 所示的雨刮器图形。由于篇幅原因，此外不分解详细过程。

（2）复制绘制好的雨刮器，将复制出的图形垂直翻转后，改变其透明度，得到需要的倒影效果，如图 4-186 所示。

（3）将雨刮器图层放置在最上层，位置摆放好，得到图 4-187 所示的组合效果。

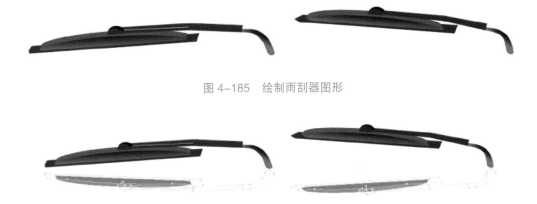

图 4-185　绘制雨刮器图形

图 4-186　倒影效果

图 4-187　组合效果

七、绘制天线

汽车图标的大体效果已经完成，现在只差最后一步——绘制天线，具体步骤如下。

（1）新建一个图层，命名为"天线"。

使用"钢笔工具"分别绘制图 4-188 所示的三个部分。

（2）将天线组合到一起，天线图层放置在最顶层。相应地将天线摆放到车顶上。

（3）复制天线的底座部分，将其垂直翻转，放到车窗的位置来表现天线在玻璃车窗上的倒影。

倒影的不透明度设置为 44%，如图 4-189 所示。这样天线便完成了，效果如图 4-190 所示。

图 4-188　绘制天线的三个部分　　　　图 4-189　不透明度设置　　　　图 4-190　天线效果

最终的写实图标设计完成效果如图 4-191 所示。

图 4-191　写实图标设计完成效果